U0909407

北京植物园花园丛书

丛书主编　赵世伟

Garden books of
beijing botanical garden

Hemerocallis

中国林业出版社

图书在版编目（C I P）数据

萱草 / 王雪芹，高亦珂编著. -- 北京：中国林业出版社，
2014.5
（北京植物园花园丛书 / 赵世伟主编）
ISBN 978-7-5038-7500-7

Ⅰ. ①萱… Ⅱ. ①王… ②高… Ⅲ. ①萱草—观赏园艺
Ⅳ. ①S682.1

中国版本图书馆CIP数据核字(2014)第102539号

责任编辑：贾麦娥
装帧设计：刘临川
出版发行：中国林业出版社（100009 北京西城区刘海胡同7号）
电　　话：010—83227226
印　　刷：北京卡乐富印刷有限公司
版　　次：2014年7月第1版
印　　次：2014年7月第1次
开　　本：185mm × 260mm
印　　张：19.75
定　　价：178.00元

目 录

总 论

各 论

前　言

萱草在我国有着2000年的栽培历史，萱草因为其植株的食用价值及在我国文化中的影响，包含着三层不同的意义：一是忘忧，二是宜男，三是代指母亲。萱草代母是一个较为后起的意义，在唐宋时期才出现并最终形成。在现代社会中，精神文化越来越受到重视，不同的节日也会有相应的花语，孝道作为中华民族的优良传统，更是得到了发扬光大，萱草作为中国的母亲花也必将越来越受到重视。

萱草属植物种质资源丰富，应用广泛，以前在我国主要作为食用栽培，但随着园林事业的逐步发展，萱草品种也越来越多地应用到园林中。从1946年美国萱草协会成立至2011年，国外的萱草品种得到极大的丰富和发展，已经注册的萱草品种达7万多个。萱草在国外的应用也是非常广泛，用量大，形式多样。但国内萱草的品种数量、栽培研究和育种工作却远远落后于国外，虽然人们认识并开始重视其在园林中的作用，但无论是研究还是应用都还处在起步阶段，而且在园林中可应用的品种很少，相关的资料记载也很少。

北京植物园自2000年开始萱草品种的收集，分批分次共引种599个，除去重复引种和栽培过程中的自然淘汰，现共有品种492个。现有品种花色、花型丰富，许多都是国外的新优品种，花大色艳，而且生长健壮，抗性强。经过在北京植物园的多年引种、栽培、驯化，非常适于在北方地区的推广应用。

本书按照花的基本特征对萱草品种进行分类，虽然分类中有性状的交叉，也有一些性状被忽略，但是按照花型和花色及大小进行分类比较直观且利于园林栽培者根据自己的需要进行设计应用。

在引种栽培的过程中，我们对品种精心养护，以引种栽种3年的植株为测量对象，详细观测记录了萱草品种的生物学特性和观赏特性指标。观测记录了株高、冠幅、叶子形态、开花时间、花径、花色、花型、花瓣、花莛高度和花香等指标的同时，着重记录了一些反映生长和开花状态的指标：繁殖系数、再次开花、单芽平均花莛数和单花莛平均花量。这些指标均是连续3年记录的平均数，较客观地反映了植株的特性，通过对这些指标的观测记录，萱草品种的观赏特性和生长特性描述得更加形象和详细，便于萱草品种的观赏和应用，可以很好地起到工具书的作用。

北京植物园引种多年的萱草品种，终于整理成册，希望这本书能给喜欢萱草的人们开阔眼界，对品种的推广、应用起到些推波助澜的作用，让和我们一样喜爱萱草的人们看到萱草花缤纷灿烂地开满大街小巷。

因为品种繁多，记录数据庞大，且作者的能力有限，在整理和撰写中难免有错误的地方，还请读者见谅和指正。

作者

2013.11

总 论

总 论

萱草属植物（*Hemerocallis*）是多年生宿根花卉。萱草的拉丁名来自希腊语ἡμέρα καλός。ἡμέρα（hēmera）是一天的意思，καλός（kalos）是美丽的意思，合起来的意思就是开一天的美丽花朵。英语中萱草的名字为daylily，直译就是一日百合。不论英文、拉丁名还是希腊文，从名字上都可以看出，萱草的特点是花朵美丽，开放一天。萱草有大而美丽的花朵，虽然一朵花只能开一天，但是一支花莛上可以开很多花朵，多花的品种每莛可以开花60朵以上，因此多花品种的萱草一株可以开数周。萱草属是由14个种构成，这个属的植物根据开花的时间，可以分为白天开花和夜间开花两大类群。食用的黄花菜野生种和品种都是夜间开花的。萱草的育种历史很短，但数量很多，从1892年第一次杂交培育出品种，至今已经注册的萱草品种超过8万个。多数的萱草栽培品种没有香味，少数品种可以连续开花或者开两次花。

萱草原产中国，自然分布主要在东亚，在公元前300年左右经由丝绸之路从远东带到了欧洲，在公元前25年*H. fulva*已经传到了希腊、罗马、埃及和非洲。1597年John Gerard第一次用英文daylily来作为萱草的名字。

萱草花大，色彩丰富，易于栽培，抗性强，具有抗旱、耐涝、抗寒、耐热等能力，萱草可以在不同的土壤类型上生长良好，在全光和遮阴的条件下都能正常生长开花，因此萱草在全球的应用广泛，南北半球，从寒温带到热带地区都可以看到萱草的大量应用。萱草主要用于庭院，景观绿化和美化，萱草也可以用于切花。世界各地几乎都有专门的萱草园，用来展示萱草的品种和景观效果。

第一章　萱草属植物的分布与分类

萱草属主要分布在东亚、俄罗斯西伯利亚地区。其分布区北起俄罗斯北纬50°～60°之间，南至缅甸、印度、孟加拉国，西缘为俄罗斯境内乌拉尔山脉以东的西伯利亚平原，东至日本。萱草属植物全世界约有14种，其中日本有7种、朝鲜有6种、俄罗斯有5种。我国萱草分布共有11种。

最早全面系统研究萱草分类的是Stout（1941），他去世前没有来得及发表他的研究成果。胡秀英（Shiu-Ying Hu）根据Stout的手稿，出版了第一本萱草分类专著，将萱草分为3个类群23个种。到了1969年，她又增加了2个独立的种。Erhardt1992年建立了一个更细致的分类系统，将萱草属分为5个组：fulva, citrina, middendorfii, nana和multiflora。但是种的数量减少到了20个。

1985年Dahlgren等人认为应将萱草从百合科独立出来，成为萱草科。独立成为萱草科的原因是因为萱草的根系类型、种子形态和蜜腺的类型都与百合科完全不同。萱草的根系不同于百合科的球根，萱草都是宿根的；萱草科的种子是黑色的、圆形的，而百合科的种子是褐色的、扁平的；萱草的蜜腺位于子房壁，百合的蜜腺在花被片基部；2004年分子生物学的研究也支持萱草科的独立。1998年的APG分类法将其单独分为一个科，但2003年经过修订的APG II分类法将这个科和刺叶树科列为百合可分的备选科。

我国是世界萱草属种质的分布中心，有11个种。分别是黄花菜（*Hemerocallis citrina*）、小萱草（*H. dumortieri*）、北萱草（*H. esculenta*）、西南萱草（*H. forrestii*）、萱草（*H. fulva*）、北黄花菜（*H. lilioasphodelus*）、大苞萱草（*H. middendorfii*）、小黄花菜（*H. minor*）、多花萱草（*H. multiflora*）、折叶萱草（*H. plicata*）、矮萱草（*H. nana*），其主要特征和分布范围见表1-1。

对于萱草属植物的分类，不同研究者有不同的分类处理。主要问题集中在以下几个方面。在小萱草、北萱草、大苞萱草的系统学关系上，北村四郎（1964）将北萱草和大苞萱草处理为小萱草的两个变种，这一处理也得到另两位日本植物学家Matsuok和Hotta（1966）的支持。另一位日本学者大井次三郎（1965）将北萱草处理为大苞萱草的变种。而胡秀英

表1-1 萱草属植物主要特征及分布

种名	主要特征	分布范围
黄花菜	根近肉质，中下部有纺锤状膨大，苞片披针形，花淡黄色，花被管3~5cm	河北、山西、山东和秦岭以南各省区（不包括云南）。生于海拔2000m以下的山坡、山谷、荒地或林缘
北黄花菜	根肉质，中下部有纺锤状膨大，苞片披针形，花被淡黄色，花被管1.5~2.5cm	东北、华北、山东、陕西、甘肃。生于海拔500~2300m的草甸、湿草地、荒山坡或灌丛下，欧洲也有分布
小黄花菜	根细绳索状，花通常1~2朵，淡黄色，花被管1~2.5cm	东北、华北、陕西、甘肃。生于海拔2300m以下的草地、山坡或林下
多花萱草	根无纺锤状膨大，花暗金黄色，花被管1.5~5cm	河南鸡公山
萱草	根近肉质，中下部有纺锤状膨大，花橘红色或橘黄色，内花被裂片下部一般有∧形彩斑	秦岭以南各地野生，全国栽培
西南萱草	根稍肉质，中下部有纺锤状膨大，苞片披针形，花被金黄色或橘黄色，花被管约1cm	云南、四川。生于海拔2300~3200m的松林下或草坡上
折叶萱草	叶较窄，常对折，花被管1.5~2cm	云南、四川。生于海拔1800~2900m的草地、山坡或松林下
矮萱草	根稍肉质，中下部纺锤状膨大，顶生单花，少为2花，花被金黄色或橘黄色外面稍带紫色，花被管0.5~1.3cm	云南西北部（中甸、丽江）。生于高山近雪线边缘或松林内
大苞萱草	根多少呈绳索状，苞片宽阔，花数朵近簇生，花被暗金黄色或橘黄色，花被管1~1.7cm	东北。生于海拔较低的林下、湿地、草甸或草地上
小萱草	根多少肉质，苞片卵状披针形，花蕾上部带红褐色	吉林。主要产朝鲜、日本和俄罗斯
北萱草	根稍肉质，中下部有纺锤状膨大，苞片卵状披针形，先端长尾尖，花被橘黄色，花被管1~2.5cm	河北、山西、河南、甘肃。生于海拔500~2500m的山坡、山谷或草地上，也分布于日本和俄罗斯

（1968）认为这几个类群应属同一生物学复合体，其分类命名需要进行深入研究才能解决。熊治廷等（1997）在萱草属的系统研究工作中发现中国大苞萱草与北萱草无论在外部形态上还是地理分布上都有很大的差别，大苞萱草具有宽大苞片包裹类头状花序，并且产黑龙江和吉林东部，南达辽宁千山地区，绝不分布到大陆北纬40°以南地区，显著不同于分布在华中、华北的北萱草。同时熊治廷（1998）比较分析了北萱草及大苞萱草的核型，分别为2n=2x=22=12m+8sm+2T和2n=2x=22=10m+6sm+4st+2T。核型结果表明两个类群的核型差异水平已经超出种内变异水平，因此提出北萱草与大苞萱草应区分为不同物种。

萱草属中夜间开花的类群，是分类上争议较多的一个类群。该类群分布在中国亚热带、温带及日本、朝鲜和西伯利亚。自林奈（1953）建立该属以来，夜间开花类群历史上曾经分为11个种，即*H. citrina*、*H. lilioasphodelus*、*H. minor*、*H. graminea*、*H. thunbergii*、*H. serotina*、*H. coreana*、*H. sulphura*、*H. yezoensis*、*H. vespertina*和*H. altissima*。Matsuka等（1966）发现北黄花菜、小黄花菜、*H. coreana*和*H. yezoensis*之间形态非常相似，他们据此将后三者作为北黄花菜的3个变种。以同样的理由，*H. vespertina*被降为黄花菜的变种。Chernyak ovskanya（1968）将*H. graminea*并为小黄花菜。同时胡秀英（1968）指出*H. serotina*、*H. sulphura*是*H. thunbergii*的多余名。陈心启（1980）指出*H. thunbergii*事实上可能就是黄花菜或北黄花菜，并将*H. altissima*并归为黄花菜。因此这个类群的分类最后比较一致的是存在3个种，黄花菜、北黄花菜和小黄花菜。但是这3个种应保持为3个种还是一个种的3个亚类群，不同分类学家持有不同的意见。熊治延（1996）从形态、核型和地理分布三方面进行综合分析，结果表明在形态性状上三者表现出连续变异，其中黄花菜和小黄花菜处于性状变异的两侧，而北黄花菜居二者的过渡状态。核型结果表明三者核型高度相似，应对应于种内变异水平。3个类群在地理分布上出现一定程度的差别，表现出地理梯度变异。因此建议将黄花菜和小黄花菜降级，分别作为北黄花菜的亚种。

关于橘红萱草的分类归属是萱草分类的另一个争议点，橘红萱草*H. aurantiaca*自发表至今100多年来，对这个种是否成立一直有很多争议。胡秀英（1968）认为它是一个天然杂种，但是染色体核型与萱草*H. fulva*有别而确认其是一个独立的种。近些年有些学者认为由于萱草*H. fulva*是一个广布性的种，有悠久的栽培历史，在长期进化中产生了许多变异，如既有常绿类型又有夏绿类型，既有二倍体又有三倍体。虽然橘红萱草*H. aurantiaca*与萱草*H. fulva*在花期（前者花期9～10月，后者为7～8月）及染色体核型上有一定差异，但在形态上难以区分，因此认为橘红萱草*H. aurantiaca*只是萱草*H.fulva*的一个种内变异，不宜单独立种，其拉丁名应为*H. fulva* var. *aurantiaca* Baker。

萱草属不仅存在白天开花和夜间开花两大类群，而且还存在一些天然杂种，这无疑给分类工作带来了一定的难度。因为萱草属的复杂性，萱草属植物也是研究进化和生态适应的好材料。

第二章　萱草属植物在我国的栽培历史

萱草属在我国有着2000年的栽培历史，萱草因其植株的食用价值及在我国文化中的影响，有着3层不同的意义：一是忘忧，二是宜男，三是代指母亲。萱草代母是一个较为后起的意义，在唐宋时期才出现并最终形成。

古代萱草被称为“忘忧草”，最早见于《古今注》载“欲望人之忧，则赠以丹棘（萱草）”，故名忘忧草。李时珍在《本草纲目》中有说明：“萱草本作谖，谖，忘也。”李九华在《延寿考》中云：嫩苗为蔬，食之动风，令人昏然而醉，因名忘忧。三国文学家嵇康《养生论》中说：“合欢蠲忿，萱草忘忧，愚智所共知也。”所以别名作“忘忧草”。

在古代的中国萱草也被称为“宜男草”，古代人认为孕妇佩之则生男孩儿。南朝梁元帝曾经做《宜男草诗》。《风土记》中也记载“[萱]花曰宜男，妊妇佩之，必生男”，故名宜男。

萱草是中国的母亲花，《诗经·魏风》：“焉得谖草，言树之背。”朱熹注曰：“谖草，令人忘忧；背，北堂也。”谖草就是萱草，谖是忘却的意思。这句话的意思就是：到哪里弄一支萱草，种在北堂前（好忘却了忧愁）呢？《诗经疏》称：“北堂幽暗，可以种萱”，北堂是母亲居住的地方，后代表母亲。以后，母亲居住的屋子也称萱堂，萱草就成了母亲的代称。因此在古代游子即将远行时，都会在北堂的门前种上一些萱草，希望以此减轻母亲对游子的思念之情。萱草在唐代开始象征孩子对母亲的亲情，诗曰：“谁言寸草心，报得三春晖”，寸草即指萱草，唐代以后视萱草为母亲花。唐朝孟郊《游子诗》云：萱草生堂阶，游子行天涯；慈母倚堂门，不见萱草花。宋朝诗人苏东坡曾有诗：“萱草虽微花，孤秀能自拔，亭亭乱叶中，一一芳心插”，其中的芳心就是指母亲的心。元代王冕《偶书》云：“今朝风日好，堂前萱草花。持杯为母寿，所喜无喧哗。”我国古代椿代表父亲、萱代表母亲，因此也有椿萱并茂之说。

汉以后萱草已普遍栽培，不论是庶族百姓，还是豪门贵族人家，都有栽培萱草的爱好。南朝梁简文帝见到妓院中种植的萱草花，不免感慨成诗：“可爱宜男草，垂采映倡家；何时如此叶，结实复含花。”唐玄宗时，兴庆宫中栽种了多种萱草，有人作诗讥讽说：“清萱到处碧鬖鬖，兴庆宫前色倍含；借问皇家何种此？太平天子要宜男。”可见萱草的栽培在普通百姓、娱乐场所和皇宫禁苑都有，萱草栽培之普遍可见一斑。

现代萱草的育种主要是通过金陵大学的美籍教授，收集了我国大量的野生萱草在美国由A. B. Stout培育而成的。通过近80年的时间，培育出近8万个品种（美国萱草协会国际登录）。

黄花菜很早就开始食用，古代时候以萱草的嫩芽、叶和花芽供食用，据《群芳谱》记载："春食苗，夏食花，其雅牙花的跗皆可食。但性冷下气，不可多食。"古人认为食用萱草可以忘忧和生男孩，宋朝以前吟咏萱草者，大都属意忘忧、宜男的含义。宋明以后，中国海员出航必携金针、木耳以代蔬菜；经研究发现，黄花菜的花芽蛋白质和维生素C的含量高于青豆和芦笋，维生素A的含量也高于芦笋，是一种非常有营养价值的蔬菜。东南亚的很多国家也食用黄花菜，我国的黄花菜大量出口到东南亚国家用于食用和养生。清朝年间，当时祁东县所在地的地方官员开始将黄花菜作为地方贡品向朝廷进贡。据说清朝朝廷要员有铁嘴铜牙之称的风流才子纪晓岚最爱吃黄花菜。

我国用来做食用黄花菜的萱草栽培和野生状态都有。著名的干菜食品黄花菜（又叫金针菜）是本属夜间开花类群的植物，由采集黄花菜（*H. citrina*）的花蕾制成干品，此外，北黄花菜（*H. lilioasphodelus*）、小黄花菜（*H. minor*）也常常是制作黄花菜的来源。在南方，萱草（*H. fulva*）等也可制成黄花菜食用。萱草还有药用价值，美国萱草协会网站上说有研究表明，萱草的根和叶可用于提取止痛药、利尿药、砷中毒的解毒剂和抗癌药。萱草的花具有抗氧化能力和环氧合酶抑制的活动。

大约在公元前300年的时候，萱草（*H. fulva*）随着丝绸贸易，从远东进入了欧洲。1554年，比利时的药草植物师Dodoens第一次记录的萱草的一个种——柠檬黄，有文字和图片描述。根据图片，这个称为柠檬黄的萱草应该是北黄花菜（*H. lilioasphodelus*），这是欧洲第一次对萱草的详尽描述。他在书中也提到可能以后*Hemerocallis*会成为萱草的名字。这以后还有2～3本书中也描述了萱草，主要涉及北黄花菜和萱草（*H. fulva*）。1753年林奈在他的书《植物种志》用双名法命名了2种萱草的名字：Lilio Asphodelus flavus α（现在为 *H. lilioasphodelus*）和Lilio Asphodelus fulvus β（现在为 *H. fulva*）。植物双名法出现以后，对萱草属植物的描述得到了规范，以后陆续一些萱草种被命名，*H. minor*是1768年由Miller命名的；小萱草（*H. dumortieri*）是1834年由Morren命名的。

第三章 萱草属植物的育种

萱草的育种历史

我国具有丰富的萱草属资源，国外许多优良的萱草品种都是用我国萱草原始种杂交培育而来。在育种亲本方面，现今所有的萱草园艺品种，都源于下列原始种：*H. thunbergii*、*H. minor*、*H. 1ilioasphodelus*、*H. altissima*、*H. citrina*、*H. middendorfii*、*H.1uteola*、*H. multiflora*、*H. dumortieri*、*H. nana*、*H. littorea*、*H. aurantiaca*、*H. fulva*，其中绝大多数来自我国，未加利用的我国野生萱草有西南萱草、折叶萱草、北萱草。

萱草的育种开始得比较晚，1877年George Yeld，一个英国校长，栽培了6个不同种的萱草，并开始做它们的杂交。1892年，George Yeld的萱草品种‘Apricot’获得了英国皇家园艺学会的奖章。‘Apricot’是第一个有记录的萱草品种。‘Apricot’由*H. flava* × *H. middendorffii*杂交得到，内外花被均为橙黄色，但深浅不同，芳香，且能二次开花。开花期比较早，这个品种一直很受欢迎，直到萱草品种多不胜数的今天，‘Apricot’仍然是一个受欢迎的商业品种。但是萱草早期的杂交育种工作进展缓慢。直到1900年以前只有4个杂交品种发表在杂志上，它们分别是：‘Apricot’（Yeld培育, 1892），‘Francis’（Yeld培育, 1895），‘ Flavo-middendorffii’（Christ培育, 1898）和‘Luteola’（Wallace培育, 1900）。1937年Yeld去世前，他共培育了30个萱草品种。

英国农场主Amos Perry1893年开始收集栽培萱草，推测他曾经与George Yeld一起研究和讨论过萱草的育种问题。1900年Perry培育了他自己的第一个品种。此后他一共培育了近100个萱草品种，是萱草育种的一位先驱。1899年美国的第一个萱草品种‘Florham’问世，由E.Herrington培育。从1893年到1934年这41年间，共有23位育种者从事萱草育种工作，总共培育了174个新品种，平均一年只有4个新品种产生，而且这些新品种在花色上都没有显著的变化，仍在黄色和橙黄色之间。

1911年39岁的A. B. Stout在纽约植物园开始做萱草育种工作。此前从欧洲来的萱草品种都是黄色系列的。1924年萱草育种出现了巨大的突破，金陵大学的外籍教授，从中国给Stout邮寄来了*H. fulva* var. *rosea*亮粉色的变种。直到1934年，Stout才培育出真正红色的品种‘Theron’，培育红色的品种一共花了25年。1929年Stout培育出花型发生变化的黄色萱草品种‘Wau-bun’，花瓣沿中脉向后翻卷。1934年Stout出版了关于萱草的书，书中描述了175个品种，并采用3方面特性作为判断萱草品种的标准——“庭院观赏性”、“颜色纯净度”和“植株形态”。尤其是植株形态，是不开花时判断萱草品质的一个重要标准。这3条标准如今仍然是萱草品质的评判指标。Stout以分类学为依据，利用从中国来的萱草资源，培育出大量萱草品种，使萱草育种有了突破性的进展。

1946年美国成立了萱草协会（American Hemerocallis Society），定期出版刊物，报道有关萱草杂交、育种、繁殖、栽培等方面的最新研究成果，公布每年获得的优胜品种名单，并对现有品种作区域性规划，以供不同地区萱草爱好者参考。

1940～1950年间，通过众多育种者的努力，萱草开始出现了新的颜色和花型，Nesmith培育出了粉色系列的萱草‘Pink Prelude’和‘Sweetbriar’。Taylor培育了常绿萱草‘Prima Donna’。1950年到1975年，越来越多的人开始杂交萱草，萱草育种进入了快速发展时期。萱草品种大幅度地增加，新的花色和花型不断出现。据Munson（1989）统计，这段时期有15000多个新的品种注册，做萱草育种的人大约有450个。专业育种家Kraus，同时他也是一位植物学教授，利用一整套复杂的杂交流程研究杂交后代的变异规律和潜力，那段时间他培育了各种颜色和花型的萱草新品种。育种家Macmillan利用‘President Giles’、‘Chetco’、‘Dorcas’、‘Dream Mist’和‘Satin Glass’5个萱草品种开展杂交育种工作，通过对这5个品种相互之间不同杂交组合的大量杂交期望培育出常绿的、矮花莛的、大花阔瓣有褶边的萱草系列。他成功地培育出了粉色花和有彩斑的萱草品种，他培育的圆形有褶皱花边的花型被后来称为“Macmillan”花型。业余萱草育种家Clear爱好萱草杂交，通过他的努力最终培育出了有宽阔花瓣的褶皱型萱草。Frank和Childs培育出了‘Catherine Woodbery’花色为略带桃红色的淡紫色、花心为绿色的新品种。

随着1960年利用秋水仙素诱导四倍体的成功，鉴于四倍体萱草品种表现出花大色艳的优良性状，很多育种家开始对二倍体和四倍体萱草的杂交工作进行了研究。1973年Arisumi用82个二倍体萱草品种和75个四倍体萱草品种进行杂交，共设计杂交组合400个，授粉1607朵。其中2N♀×4N♂组合共授粉1085朵，4N♀×2N♂组合授粉522朵。50%的杂交果实在一个星期内败育脱落，之后还不断有果实脱落，最后只有18.6%的果实成熟，在采收到的1218粒种子中，只有155粒种子外观形态正常，选择100粒种子在2.2℃低温层积处理后播种，6个星期后只有23粒种子萌发。对剩下的55粒种子进行胚培养，最后得到12株杂种苗。通过染色体计数法对得到的29株杂种苗进行鉴定，结果表明杂种后代都为三倍体。二倍体和四倍体杂交结实率低，果实败育问题严重，Zhiwu Li和Pinkham对通过杂交获得的三倍体种子进行了胚拯救的研究，他们用6个二倍体品种和25个四倍体品种进行杂交，授粉10～12天后采收膨大的果实，将其中不成熟的种子接种到含有不同浓度蔗糖（1%、2%、3%、4%、5%）的MS培养基上进行6个星期的暗培养后继代，4～6周后转接到1/2MS上，结果表明添加3%蔗糖的培养基为胚拯救的最优培养基，能获得3.17%的胚拯救率（Zhiwu Li、Pinkham，2009）。Peck还将二倍体诱变成四倍体然后再进行杂交工作，他在培育不同颜色、不同花型和褶皱花边的工作上取得了重大的进展。他培育的‘Dance Ballerina Dance’因为显著的花瓣褶边在后来的萱草杂交中被大量应用。但是开始四倍体萱草观赏性和花瓣颜色的变化还不如二倍体萱草，直到20世纪60年代末，才逐渐展示出它花朵大型色彩丰富的优势。随着四倍体萱草的加入，现代萱草品种得到了极大的丰富。萱草育种进入了繁荣期。截至2011年美国萱草协会注册的萱草品种已经达到7万多个，每年都有近万个萱草新品种登记注册。萱草已经成为了品种最丰富的宿根花卉之一。

在杂种后代表型规律的研究方面，Hasegawa和Yahara对萱草*H. fulva*和黄花菜*H. citrina*的天然杂交后代和人工杂交后代的开花和凋谢时间进行研究。萱草的开花时间从早上4：30到晚上19：30，黄花菜的开花时间从16：30到20：30。杂种后代的外观形态结果表明，无论是天然杂种后代还是人工杂种后代，都表现出连续的单峰曲线变化，表现出父母本的中间性状。而在开花和凋谢时间上表现出不连续的双峰变化，大部分的天然杂交后代开花表现可以分为昼开夜蔫和夜开昼蔫两种类型，这部分杂种后代的开花习性与杂交父本或者母本相似，还有一部分的杂种后代表现出不一样的开花习性，大致可以分为两类，一类和亲本萱草一样早上开花，但开花时间可以持续24小时。另一类开花时间比黄花菜还要晚，开花时间可以持续到第二天下午或傍晚。大部分的人工杂交后代表现出昼开夜蔫的开花习性，开花时间主要集中在4:00～5:30，凋谢时间集中在19:00～23:30，偏向于萱草开花习性，有两株杂种苗的开花时间和萱草一样在早上，但开花时间能持续近24小时。还有一株杂种苗表现出和黄花菜一样的开花习性，记录表明这3株杂种苗都是以黄花菜为母本。对萱草开花时间遗传规律的研究表明，控制萱草昼开夜蔫开花习性的可能主要由一个显性基因控制，杂种后代中还有少量昼闭夜开以及开花时间延长的情况，说明在主要基因的控制下还有次基因控制开花时间。作者还试图从萱草开花习性的遗传背景来探索萱草夜间开花类群的进化问题。从杂种后代的开花时间分布来看，萱草从昼开夜蔫型进化到夜开昼蔫型不是一个由小突变积累的连续过程。

国内对萱草属植物的育种工作开始得较晚。最早的育种工作开始于20世纪70年代，最初研究的重点集中在食用黄花菜上，黄花菜在我国作为蔬菜栽培，是我国著名的特产干菜，不仅栽培历史悠久，而且栽培范围广，并形成了很多有名的产区和著名的品种。在黄花菜的杂交育种方面，刘金郎对黄花菜6个品种进行了杂交和自交亲和力的测定，结果表明‘茉莉香’与‘沙宛金针’正交和反交的亲和力基本相同；‘马莲黄花’与‘渠县黄花’、‘沙宛金针’、‘小黄花’的杂交组合中，以‘马莲黄花’为父本亲和力高；‘线黄花’与‘沙宛金针’、‘渠县黄花’，‘红花萱草’与‘马莲黄花’等杂交不亲和；‘茉莉香’和‘小花黄花’的自交亲和力高，‘渠县黄花’、‘线黄花’、‘沙宛金针’和‘马莲黄花’等4个品种的自交亲和力依次下降。到20世纪80年代，国内已经选育了一大批优良的食用黄花菜品种。何立珍等（1989）育成了黄花菜同源四倍体‘HAC—大花长嘴子花’新品种，该品种是第一个食用黄花菜同源四倍体品种。

金立敏对萱草杂交种子的萌发进行了研究，自种子采收后每隔5天播100粒种子，比较不同时间的出苗率，结果表明不同时间播种出苗率差异较大，8月底播种出苗率最高可达57%。

为了更好地开展育种工作，对萱草植物的生物学特性研究也在进行。申家恒利用常规石蜡切片技术对黄花菜受精过程进行了详细的研究，研究表明，花粉在授粉后1～2小时在柱头上萌发长出花粉管，花粉管在花柱道内生长历经20～22小时，生殖细胞分裂形成2个精子，26～28小时后花粉管进入子房，释放2个精子，精卵融合形成合子。受精过程持续时间为29～36

小时。文中提出利用花粉管通道法转基因技术时，提出在精卵融合至合子分裂阶段，合子细胞点端处于无细胞壁状态，有利于外源DNA 导入合子。即黄花菜授粉29～48小时后，对花柱基部横切面滴加外源DNA，有可能提高转化率，为黄花菜的常规育种与分子育种提供了依据。

1978年，中国科学院北京植物园通过对杂种萱草种子的引种与品种选育，培育了一批多倍体萱草新品种，使国内观赏萱草的育种有了初步发展。但之后国内萱草育种一直进展缓慢。2000年以后，越来越多的人开始重视萱草育种，国内萱草育种工作主要集中在萱草杂交亲和性研究，生殖隔离的克服，以及萱草野生资源的利用方面。有研究表明，大多数的二倍体萱草品种自交亲和，萱草二倍体品种间杂交结实率明显高于其他倍性间的组合（高淑滢，2010）。对于不同开花习性的萱草之间杂交的实验发现，以大花萱草品种为母本与黄花菜（*H. citrina*）杂交平均结实率为9.28%，杂交障碍明显。

萱草的育种目标

1.萱草的花色育种

野生萱草的花色比较单一，限制在黄色、橙色、黄褐色范围之内。Stout的育种实践证明，可以通过从基因库中提取改变萱草花色分配模式及红色素形成强度的遗传因子，从而扩大萱草杂交和选育的范围。通过不断的杂交选育，现代萱草的花色已经得到了极大丰富，但蓝色、绿色、棕色和纯黑色的萱草还没有出现。尽管已经有一些白色的新品种出现，育种家仍在追求更为纯净的白色萱草。二倍体品种‘Joan Senior’、‘Gentle Shephard’以及四倍体品种‘Wedding Band’、‘White Crinoline’和‘Winter in Eden’等被认为是选育纯白色萱草品种的优良亲本。

蓝色的萱草一直没有培育出来，但是今年培育出了具有蓝颜色的萱草，最初的蓝颜色出现在萱草花瓣中的花斑部分。蓝颜色的花斑区域成为了育种者关注的焦点。Elizabeth Salter在她的微型二倍体萱草系列中培育出了花斑最接近纯蓝色的萱草‘In the Navy’。这样的蓝色在四倍体萱草中几乎没有出现过，而最接近这种颜色的四倍体萱草有‘Douglas Lycett’、‘Hiding the Blue’、‘Rhapsody in Time’。育种家正在尝试将蓝色花斑的二倍体萱草转化为四倍体，从而得到蓝色花斑更大的萱草品种。

萱草花朵上颜色分布的变化也是萱草育种的一个选择方向。现代杂种萱草有许多不同的花色分布形式。萱草中主要的颜色分布方式有：

①纯色：花瓣和花萼无论在颜色还是明暗上都完全相同。

②混色：花瓣和花萼都具有两种不同的颜色，但花瓣和花萼之间没有区别，例如花瓣和花萼都为红黄两色，而不是花瓣红色，花萼黄色。

③多色：两种以上的颜色同时分布在花瓣和花萼上，与混色类似，只是颜色更多。

④复色：花瓣和花萼颜色色相相同，但是颜色的明度和深浅不同。

⑤双色：花瓣和花萼的颜色完全不同。

花朵上颜色形成的图案同样也能形成丰富多彩的组合，这也成为了育种者所追求的目标之一。萱草花部颜色图案主要有：

花斑：花瓣和花萼底部与其主色形成对比的深色斑块。

水印：与花斑类似，但斑纹的颜色比花瓣和花萼的背景色要浅。

中肋：花瓣中部由花心向外呈放射状延伸的与背景色颜色不同的细线。

喉部：花被片基部与花被管连接处，颜色与花被片不同，常见的是黄色、绿色和橙色。

具有漂亮的花斑的萱草品种十分受人欢迎，比如四倍体的‘Always Afternoon’、‘Daring Dilemma’、‘Pirate’s Patch’和‘Strawberry Candy’，二倍体的‘Dragon’s Eye’、‘Janice Brown’和‘Siloam Virginia Henson’等。经过不断的选育，萱草的花斑也出现了很多变化，比如多层花斑，还有一些带有其他图案的复合色花斑。带有复合花斑的二倍体品种有‘Child of Fortune’、‘Enchanter’s Spell’、‘Little Print’和‘Siloam David Kirchhoff’等。虽然复合花斑这种性状近年来已经成为了萱草杂交育种的热点，但四倍体的复合花斑品种仍然很少见，比如‘Chinese Cloisonne’、‘Etched Eyes’和‘Paper Butterfly’就是为数不多的四倍体花瓣上带有花斑的萱草。

在四倍体萱草中有一个新的突破，那就是培育了花瓣的外缘带有黄色边的品种。育种者还利用这种黄色花瓣边的品种和其他花边的品种杂交获得了花瓣边缘具有双色花边的萱草，比如‘Creative Edge’、‘Mardi Gras Ball’和‘Uppermost Edge’。

萱草花被片的中间常常会有一条中肋。中肋的颜色通常深于或者浅于花瓣本身的颜色，有些中肋还会凸起，十分醒目，突出了花瓣的颜色，从而增加了萱草的观赏性。

很多萱草喉部的颜色与花朵本身的颜色不同，这个特性也是杂种的变异来源之一。喉部的颜色通常为黄色、绿色或者橙色。与之类似，花药的颜色一般从黄色到橙色再到红黑色过渡。尽管喉部和花药的颜色很难一眼就察觉，但是却能参与形成独特的花朵颜色和图案组合。

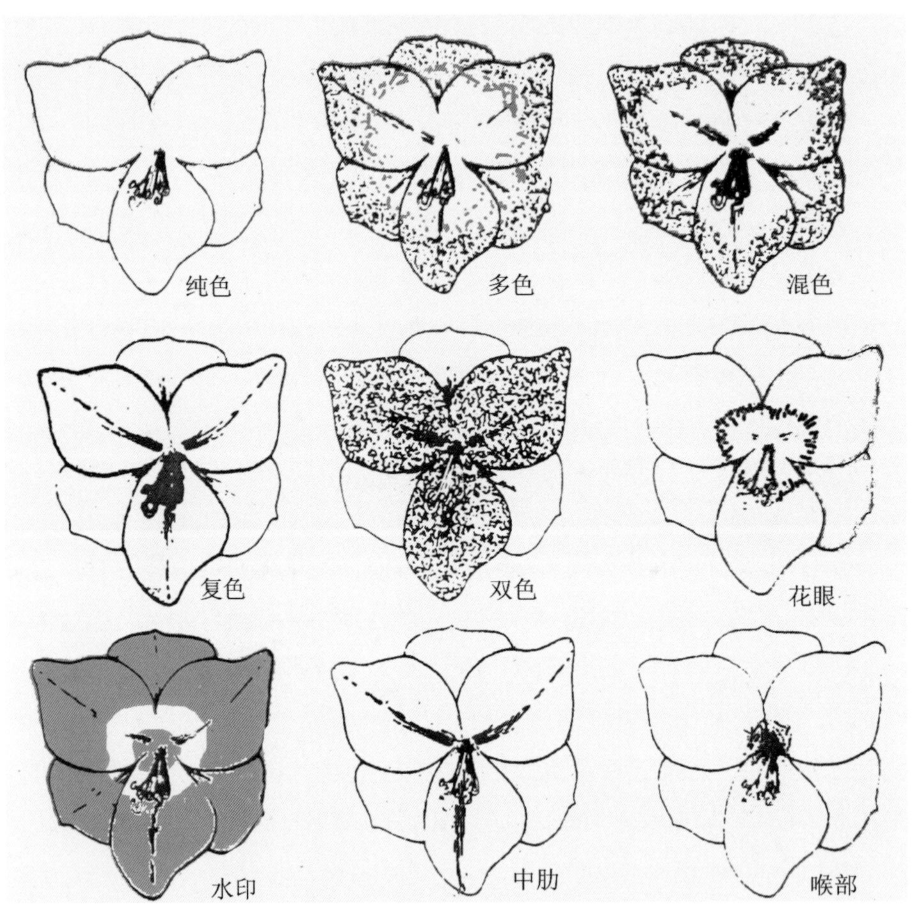

萱草花色分布和花瓣图案示意图（改编自Erhardt 1992）

2.花型育种

萱草经过100多年的人工选育，从原来单一的花型发展到星型、三角型、圆型、蜘蛛型等多种花型，并出现了重瓣、皱边等花瓣的变化。萱草的花型可以用不同方法进行分类。

按花朵正面的形状进行分类，可以分为4种类型。

圆型花：花瓣和花萼钝尖、短阔，长度几乎相同，形成一个圆形。

三角型花：花瓣比圆型花窄一些，花萼向后翻卷，形成一个三角形。

星型花：花瓣和花萼狭窄，呈长条形（但还没有达到蜘蛛型的程度），形成一个六角星形。

蜘蛛型花：花瓣和花萼更为狭窄，长宽比达到5：1或更高。

按花朵开放时侧面形状进行分类，可以分为3种类型。

反卷型：花瓣尖端向后翻卷。

喇叭型：花瓣开张角度较小，呈喇叭状。

平盘型：花瓣开张角度很大，花瓣尖端开放后呈平盘状。

花型还包括重瓣性。重瓣分两种类型。

芍药型重瓣：花朵中间伸出额外的花瓣和瓣状附属物，形成像芍药一样的花朵。

套叠型重瓣：在一层花瓣上又多了一层花瓣或者瓣状附属物。重瓣花朵的外形经常随着开放的进程而改变。因此一个品种可能每天开放的花朵形状都不同，更普遍的情况是随着开放季节的不同而改变。

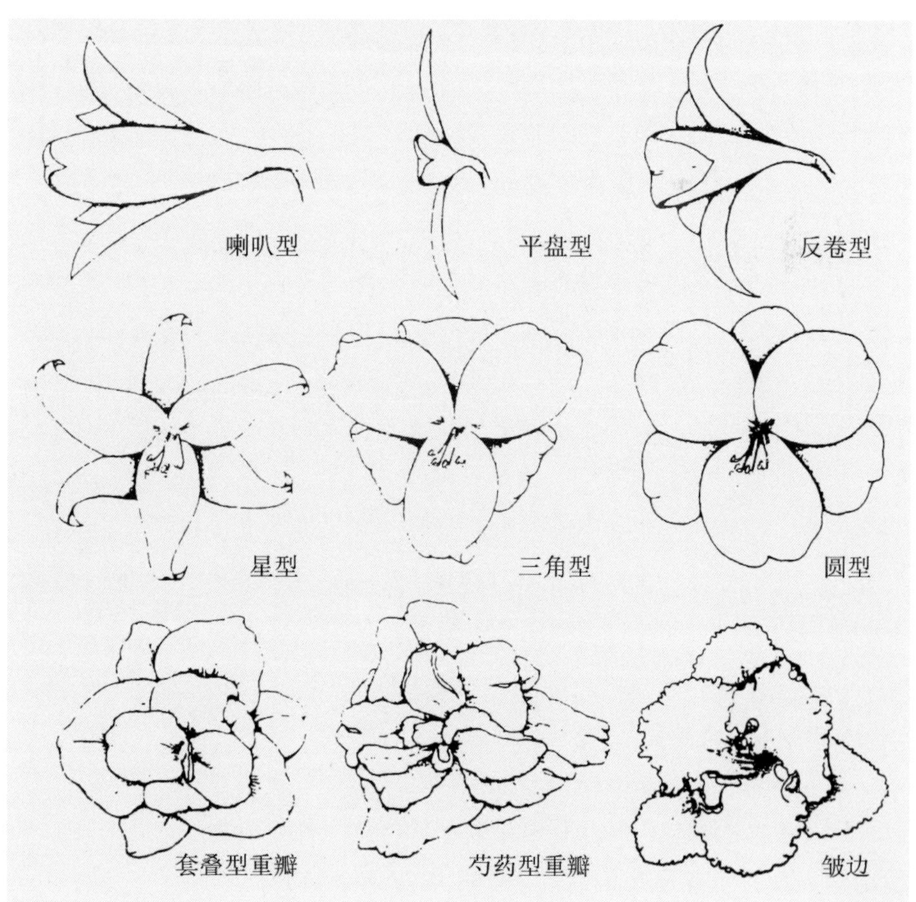

萱草的花型示意图（改编自Erhardt 1992）

重瓣和蜘蛛型是萱草花型杂交育种的热点。二倍体的‘Betty Warren Woods’、‘Francis Joiner’和‘Siloam Double Class’都是很受欢迎的重瓣品种。四倍体的重瓣品种最近才出现，因此十分稀有，如‘Gladys Campbell’、‘Highland Lord’。蜘蛛型的育种也是近期才发展起来，一些比较流行的二倍体蜘蛛型品种有‘De Colores’、‘Yabba Dabba Do’，而四倍体的蜘蛛型仍十分罕见。

3.花朵大小的育种

现代萱草按花朵大小划分为以下几种类型：微型（花径<7.5cm）、小花型（花径7.5～11cm）、大花型（花径>11cm）。现在大部分的杂交育种都在大花系列进行，大型的萱草花朵直径可以达到18～20cm，观赏价值很高。萱草每花莛的着花量也不同，少的每花莛10～20朵，多的可达每花莛50～70朵。但是在一些家庭园艺爱好者和育种家眼中，小花系列也很受欢迎。如‘In the Navy’、‘Little print’、‘Broadway Gal’、‘Broadway Imp’等。我国绿化中常用的‘金娃娃’花径在7.5cm，就属于萱草的小花系列。近年来，国际上在花坛布置和盆栽方面盛行矮生、小花型，如果选育出这种类型的品种将会受欢迎。

4.花香育种

大部分的萱草品种都没有香味或只有很淡的芳香。而在萱草的野生种当中存在着开黄色花、香味浓郁的类群，包括黄花菜（*H. citrina*）、北黄花菜（*H. lilioasphodelus*）、小黄花菜（*H. minor*）。而这3个种正是萱草属育种的重要原始材料。有研究表明萱草的花香和花色呈一定的相关性，柠檬黄色的花香味最为浓郁，而花色越深香味越淡。但是经过100多年的杂交选育，芳香的性状在现代萱草品种中已经逐渐丢失。现在，一部分育种者已经开始尝试培育具有浓香的萱草，希望通过和香味浓郁的品种杂交来增加后代的香味。花香育种已经成为了育种家感兴趣的又一个领域。

5.花期育种

萱草单朵花只开放1天。一些萱草并不是白天开放，而是夜间开始开放，这个特性的存在给延长萱草单朵花的寿命提供了可能。夜间开花的特性通常表现在黄花菜类群中，它们一般在黄昏时分开放，第二天的中午凋谢。白天开花和夜间开花萱草杂交可以延长花朵开放时间，单朵花的开放时间可以延长到16个小时或更长。通过这种方式获得的杂种后代的开放时间呈现了多样化，有可能是白天开放或者晚上开放，有些则介于两者之间。尽管一些现代的萱草品种的开放时间得到了延长，但还没有品种的开放时间能超过一天。通过对白天开花和夜间开花萱草杂交的研究表明，开放时间和凋谢时间受不同的基因控制，并且开花时间是单基因控制的性状，而不是数量性状，因此不同开花时间类型萱草间杂交有可能延长单朵花开放时间，但是开放时间仍然不会超过24小时。如何进一步延长萱草单朵花的开放时间还是一个需要深入探索的领域。

而萱草群体花期的延长也是育种目标之一。根据地理位置和气候特点的不同，萱草的盛花期从5月到7月中旬不等。萱草在不同的地理位置花期差异很大。因此萱草花期以当地萱草最集中的开放时间为参照，根据每个品种开花的相对早晚来划分花期早晚，将萱草花期划分为极早花（Extra Early）、早花（Early）、中早花（Early Midseason）、中花（Midseason）、中晚花（Late Midseason）、晚花（Late）、极晚花（Very Late）7类，花期处于当地萱草花期集中期的称为中花（简称M）；早于这个时间1～2周的称为中早花（简称EM）；早于这个时间2～4周的称为早花（简称E）；早于这个时间超过2～4周的称为极早花；晚于花期集中期1～2周的称为中晚花（简称ML）；晚于花期集中期2～4周的称为晚花（简称L）；晚于花期集中期超过1个月的称为极晚花（简称VL）（AHS，2012）。萱草的盛花期集中在盛夏，早花和晚花的品种较少且观赏性不高，利用早花、晚花种类和观赏性强的品种杂交有希望培育出更多优良的早花、晚花品种。另外，二次开花、连续性开花的萱草也是育种的热点。一些杂交品种的花期已经得到了很大的延长，花期很早并且能连续不断开花，如‘金娃娃’等。长花期的萱草需要有良好的分枝、大量的花蕾和不断产生的新花莛。目前，已经有许多现代萱草品种接近了这个目标，主要的代表品种有‘My Darling Clementine’、‘Ferengi Gold’。

6.多倍体育种

萱草多倍体育种研究，19世纪五六十年代通过对萱草植株不同生长阶段的秋水仙素处理已经诱导出多倍体。1960年后，越来越多的育种家对萱草四倍体育种有兴趣。早期的萱草四倍体育种家有Traub、Buck和

Schreiner。Traub培育出了一系列的萱草四倍体品种，但是当时那些四倍体萱草品种在外观形态上并不如二倍体品种。直到60年代末四倍体育种才有了一定的进展，四倍体萱草开始表现出器官肥大，花色变异丰富的特征。现在有5000多个四倍体品种已经登录，而且预期会有更多的萱草四倍体品种产生。

随着70年代萱草组织培养的研究进展，通过组织培养对萱草愈伤组织进行秋水仙素处理，有望加快多倍体的育种效率。1979年用秋水仙素掺入培养基的混培法对二倍体萱草愈伤组织进行了四倍体诱导。他以二倍体萱草愈伤组织为试验材料，将获得的愈伤组织转接到添加了不同浓度秋水仙素溶液的培养基上在12℃、黑暗的环境条件下处理3天，然后转接到不含秋水仙素的培养基上在同样的条件下恢复生长一周，然后转到正常光照温度环境条件下培养。通过根尖染色体计数法以及气孔和花粉测定结果表明，超过50%秋水仙素处理的愈伤组织都为四倍体，其中以添加20mg/L秋水仙素浓度的培养基诱导效果最好。Arisumi用生长点浸泡法对二倍体品种的诱导进行了研究，因为萱草为单子叶植物，叶二列生长，茎尖生长点位于根茎处，所以试验在植株进入快速生长期后的第4～5周，剪去叶基部叶子，用利刀将根茎中心生长点周围的组织挖去形成一个深0.6cm、直径为0.6～1.2cm的杯状小洞，然后将0.2%的秋水仙素溶液倒入洞中，每隔1天处理1次，共处理3次。结果表明在处理的24个品种中有16个成功诱导出四倍体（少数）或者是嵌合体（大部分）。文章还对秋水仙素诱导的四倍体和嵌合体的稳定性进行了研究，结果表明嵌合体的稳定性取决于嵌合体的类型以及第二年生长点生长的起源中心，区分嵌合体和周缘嵌合体都不稳定且在第一代就容易被取代，而诱导出来的完全四倍体在第二代恢复生长，且保持稳定多年。

在多倍体育种方面，周朴华以黄花菜品种‘长嘴子花’的愈伤组织为材料，用秋水仙素处理带芽状突起的球状体，以0.02%秋水仙素溶液中附加2%二甲基亚砜的诱变率最高，为65.2%，并在此基础上选育出了黄花菜四倍体‘HAC-大花长嘴子花’新品系。

萱草的育种方法

1.杂交育种

杂交育种是萱草最重要的育种手段。最初主要是群众性的常规杂交，后来开始有人尝试多种花粉混合作为父本杂交，获得了大量具有较高观赏价值的品种。1973年，Toru Arisumi开始尝试二倍体萱草和四倍体萱草之间的杂交，结果只有18.6%的胚囊存活35天以上，获得的三倍体杂种苗绝大多数来自特定的一个杂交组合，说明三倍体合子的存活受遗传因素的影响。而Ted L.Petit的研究表明，二倍体和四倍体杂交不会成功，不管你多么努力地使其结出果实，它也会在几天甚至1个星期后败育，说明二倍体和四倍体杂交易于败育，常规杂交不容易获得种子。

由于不同开花时间以及不同倍性萱草间的杂交亲和性低，如何克服杂交不亲和也是萱草杂交育种的重要问题。二倍体可以通过秋水仙素加倍成四倍体来和四倍体杂交。二倍体和四倍体萱草杂交后，还可以通过胚拯救获得三倍体植株。

2.分子育种

萱草的分子育种尚处于起步阶段，相关的报道不多。Panavas（1999）定位了萱草花瓣中的衰老基因。Aziz通过基因枪法对萱草品种‘金娃娃’进行了遗传转化获得了转化植株，证明了基因枪法在萱草转基因育种中的可行性。Miyake（2006）对萱草和黄花菜的微卫星坐标多态性进行了观察，并设计筛选了20对引物，为进一步的分子标记育种奠定了基础。

我国具有丰富的萱草属植物资源，萱草野生种的绝大部分在我国均有分布。国外利用我国和日本原产的萱草已培育出了7万多种花型花色各异、观赏价值很高的品种，应充分发挥我国萱草资源多样性的优势，培育更多的萱草新品种。

第四章　萱草的生物学特性

根

萱草的肉质根分为两大类：绳索状和纺锤状。绳索状的肉质化程度低，根的不同形态也是萱草的分类依据。如黄花菜的根是膨大的肉质纺锤形根，小黄花菜和矮萱草只在根末端加厚，小萱草的根是圆柱形，而萱草的根则是纺锤形。

萱草优异的抗寒性就得益于根的特性：肉质的纺锤形根可以储存大量的水分，绳索状的根则可以充分利用土壤中的水分。萱草根具有一种向下收缩的能力，使根系不至于离干旱的土壤表面太近，根系暴露在过于干旱的土壤中，会导致植株的休眠。

叶

叶呈宽线形，基生，排成两列，嫩绿色。萱草的叶可能是直立、向外拱、尖端弯曲或沿中脉折的任意一种类型。根据萱草的绿期长短，通常可将萱草分为休眠、常绿、半常绿三种类型。休眠型萱草当春季气温足够高时就开始生长，而当秋季白昼变短、气温变低时就停止生长。在冬季，叶腋处会长出一个或多个营养芽，这些营养芽将一直保持休眠直至春季才萌动。常绿型萱草全年均生长，当暴露在冰点温度以下时，叶片死亡，也有些品种不耐寒会出现全株死亡。半常绿型的生长习性由当时的环境条件决定，很多现代杂种属于这个类型，是因为它们的亲本是常绿和休眠类型杂交得到的。

花

萱草在一年中一个小植株上可产生1～3个花莛，萱草的花芽分化时间因种及品种差异从7～12月不同。一旦出现花芽分化，花莛就停止生长。有些萱草可以连续开花，也就是一个植株可以连续不断长出1个以上的花莛。萱草花莛的长度从4～200cm不等，存在直立、拱形、向下弯曲等不同姿态。另外，苞片的形状和排列可以用来鉴别种，例如大苞萱草的苞片呈宽大的椭圆形且互相重叠。

由于萱草的单朵花花期只有1天，芽的数量对延长群体花期就显得尤为重要，大多数品种的群体花期为2～4个星期，也有一些品种有不定的花序使其整个生长季都能产生花芽。

萱草的花有3枚花瓣及3枚萼片，同一朵花内既有雌蕊又有雄蕊。花喉部的颜色通常与花的其他部分不同，从喉部突出6个雄蕊。萱草花粉大多数为褐色，有些带红色或黄色，雄蕊中间有显著比花丝长的雌蕊，柱头在最适合授粉的时候分泌黏液。

萱草授粉后5～8小时，花粉管迅速生长，通过花柱到达珠孔。接着的8个小时，花粉管停止生长。授粉后36～48小时，完成受精。授粉后50天，形成成熟种荚。受精后，萱草的种荚变圆或椭圆，并有6道肋，种荚内有3层圆或椭圆的有小突起的黑色种子。蒴果带翅。

萱草的花有不同的颜色、色型及花型。萱草的颜色有深浅的变化。色型的变化很大，且花瓣和萼片的颜色可能不同。花的大小也因种类存在很大的变化，花型从圆形到三角形都有。

研究表明，萱草花的衰老不受乙烯的影响。开花前，萱草花内的纤维素酶和果胶甲脂水解酶活动最活跃。开花时，萱草花朵内的果聚糖水解，使其渗透压上升，从而使花瓣和萼片张开。开花后，萱草花内的果胶酶和β半乳糖苷酶的含量上升。开花前和开花时，花内蛋白酶、DNA、RNA修饰酶的含量均有增加。

萱草的衰老受脂类代谢和韧皮部碳水化合物的运输决定。在萱草中，一个公认的半胱氨酸蛋白酶的cDNA已克隆。鲁宾斯坦的团队克隆了6个cDNA，指定为DSA（与萱草的衰老相关）。其中一个基因（Dsa6），一个假定的中一型核苷酸，只在花瓣中表达，与开花有关。

第五章　萱草的繁殖和栽培

萱草的繁殖

为了保持萱草的品种特点，通常采用分株繁殖。种子繁殖一般都是为了培育新品种，但是也有例外，比如‘金娃娃’种子繁殖也可以保持品种特点。一般而言，用种子繁殖的萱草，依据休眠类型的不同可以分成两类，休眠型萱草种子采收后，需要冷处理6～8周，在0～7℃低温层积才能发芽。而常绿类型的萱草种子不需要做任何处理，可以即采即播。从播种子到开花萱草需要两年的时间。

萱草无性增殖的能力，不同品种间有很大差异。品种每年的增殖率从1:3～1:25不等，平均年增殖率为1:8。因此一个新品种培育出来，如果靠无性繁殖，达到商业出售的数量，一般需要10年以上的时间。还可以采用切割生长点的方法，加快植株的繁殖。此外有些品种花莛上还可以产生小植株，这些小植株可以直接切下来，栽培在土壤中10～20天生根，生长旺盛；栽培12～15个月就可以开花了。

品种的繁殖是采用组培的方法。最好的组培外植体是花莛，花蕾、子房、花托和幼嫩的叶片都可以诱导出苗。通过组培的方法，新品种在3～4年就可以形成规模，并投入商业生产。

黄花菜播种幼苗与成苗的栽培管理

播种繁殖：黄花菜在开花期，只要不采收花朵，每个花朵基本上都能结实。但是，当土壤中养分不足或干旱时，即使不采收花朵也有不结实的现象存在，花期遇雨受粉不良，结实率也会降低。黄花菜的果实为蒴果，呈钝三棱形，在3个心室里结实，一般早熟品种每个蒴果里有饱满的优良种子10～30粒。

在不同的地方栽培黄花菜，由于自然气候、土质肥瘠、温度高低、出苗先后等条件不一，蒴果成熟有先有后。当蒴果生长到由乳黄色变成灰黑色、蒴果上部裂口时即可采收。早熟品种多在7月中、下旬收获，每个蒴果里有饱满成熟的种子10～30粒。中、晚熟品种结实比早熟品种多，每个蒴果里有优质种子10～50粒，于8月中、下旬至晚秋成熟。蒴果要边成熟边采收，采收过晚经风吹会抖落掉种子。将采收的蒴果放在容器里晒干后脱粒，除去杂质，装入袋里以备播种。完全成熟的种子乌黑发亮，百粒重2g左右。

播种育苗地必须选择在土质肥沃的地块，否则，必须加入充分腐熟的农家杂肥或已经腐烂好的木耳、蘑菇生产用过的废弃料，掺入土中充分混拌均匀，搂平后做成1～1.2m宽的小畦子，长度根据种子量多少而定。

播种时间多在4月中旬至6月份，也可在秋季上冻前播种，原则上宁早勿晚。播种前首先在畦面上开沟，深3～5cm，行距15cm、株距lcm，3～5粒种子为1簇。播后稍镇压，而后覆土。覆土厚度2～3cm，有条件的要浇透水。春季育苗时可覆盖塑料薄膜，以提高地温，促使幼苗生长，但要注意温度变化，以防高温时灼伤幼苗。试验表明，春季播种10天左右即可出苗，秋季播种的翌年4月中旬出苗。

栽培与苗期管理：幼苗出土后根系细弱，生长缓慢。要加强田间管理，及时除草、松土，防止草荒；干旱时要及时浇水。幼苗期不需间苗。为促进幼苗生长，可用粉碎好的豆饼加水浸泡，每0.5kg豆饼加水5kg，浸泡10～24小时，滤除饼渣，用饼水浇幼苗，每5～7天浇1次。

分株繁殖：黄花菜的繁殖在实际生产中多采用分株的方法，即在春、秋季节将多年生的母株挖出，抖掉土，每3～5个芽为1簇，从母体上分割下来，并剪去一部分根系，然后栽入土里，即成为新的一株（墩）。每株母体一般可分出几个至十余个新生体。在母株种源少、又需大面积栽培时往往因种源匮乏而限制了发展。经5年的栽培试验表明，用黄花菜的种子繁殖幼苗而后定植，繁殖数量大、速度快，不但可以满足大面积栽培所需要的幼苗，而且幼苗在第3年时即可开花，第5年时每株可分生出24个箭莛开花，产鲜花百余朵，花朵大小、质量、重量与从母株体上分割下来的植株的花朵大小一样。

黄花菜生命力很强，在整个夏季里进行移栽定植，成活率都很高。幼苗可以在育苗床内生长至第2年定植。起苗时要尽可能少伤根系，每3～5棵幼苗为1簇，稍微松散栽入穴内。黄花菜虽耐瘠薄、不择土壤，但生产实践证明，在肥水充足的地块里，植株生长旺盛、花朵大、产量高。所以，栽植地一定要选择在肥沃的地块，在果树间和瘠薄地栽植时，一定要多施入腐熟的农家肥，要耕翻均匀，起垄后再定植。

夏、秋季定植时，栽好苗后，地上部分只留3～5cm高即可，其余叶片要剪去，要浇透水。待幼苗缓苗后，要及时松土锄草，防止草荒。有条件者在干旱时要浇水。行、株距可根据当地生产习惯而定。上冻前用粪肥将幼苗覆盖2～3cm，以利越冬，还可以为明年生长提供充足的基肥。

成龄期管理的重点是培育壮苗，多抽发花薹，使花数增多，花蕾增大，花期延长，从而达到增产的目的。此时，在施肥上应控制氮肥，适施复合肥。如氮肥过多，只旺长苗，少抽薹；施肥不足，可能使薹梗短小，花蕾少，产量低。两种情况差异明显，薹梗短小的一般只着生三四朵花蕾，苗势健壮可着生100～120朵花蕾。因此，应早施春苗肥，3月底亩施复合肥30kg；重施催薹肥，5月初亩施复合肥40kg；巧施壮蕾肥，6月初采收花蕾时亩施复合肥20kg，同时有条件的应浇水保蕾。

第一年管理较粗放，主要是培育好苗架，防止杂草生长。第一年冬季即进入正常精细管理。水分管理，雨季要开沟排水防涝。春季每7～10天浇一次水，保持土壤见干见湿，抽薹开花期干旱会引起落蕾减产，应及时灌水，提高产量。采收期每3～5天浇一次水，保持土壤湿润。

病虫害防治：金针菜常发生的病害有: 锈病、叶斑病、叶枯病，发病初期可用50%多菌灵600～800倍液; 50%代森锌500～600倍液; 15%粉锈灵500倍液; 或75%百菌清1000倍液喷雾防治。虫害有红蜘蛛、蚜虫，红蜘蛛可用73%克螨特乳油1000倍液或5%尼索朗乳油2000倍液防治，蚜虫可用2.5%高效氯氟氰菊酯1500倍液防治。

‘金娃娃’萱草的繁殖栽培管理技术

‘金娃娃’萱草的繁殖：主要采用分株和播种繁殖。分株繁殖‘金娃娃’年繁殖率一般为1：6，肥沃土壤可达1：10 。分株多在春季萌芽前或秋季落叶后进行。一般每小丛除带肉质根外，还需带2～3个芽眼，开穴30cm，施足基肥，盖细土，压实浇透水，春季分株当年即可开花。一般每个母株可分生6～7 株。‘金娃娃’播种繁殖宜在秋、冬季将种子作沙藏处理，春播后发芽迅速整齐，实生苗一般2年开花。

栽培与苗期管理：‘金娃娃’属矮型品种，又是繁殖系数较高的宿根花卉，稀植观赏效果不好，密植影响通风和分生。所以要合理栽植，一般株行距以20cm×20cm或15cm×25cm为宜。1～2 年分栽1 次。定植应选择在通风排水良好的砂质壤土之处。定植时根系要舒展，生长点不能埋入土内，根系周围用土压实。栽后浇透水，保持通风，及时除草，温度控制在15～25℃之间。北方5月中下旬移栽到大田，株行距为20cm×35cm，栽植深度以将基部1～2片叶节埋入土中为宜，根部用土压实，苗要栽正，之后浇透水。

生长前期，要多次松土除草，增强土壤的透气性。为防止雨季积水，当植株长到20～30cm高时，可结合施肥进行培土。生长期间，要及时摘除残花，修剪生长过密枝和病枯枝，以保证健壮枝的营养供应和保持株型良好。‘金娃娃’开花期长，绿色期也长，在肥水管理上要求施足基肥，盛花期后要追施有机肥和复合肥。

病虫害防治：叶枯病和锈病是‘金娃娃’萱草极易发生的两种病害。病害的防治应在加强栽培管理的基础上，及时清除杂草、老叶及干枯花莛，集中销毁，以减少侵染源。发病初期用50%代森锰锌500～800倍液可有效控制叶枯病的发生；锈病发病初期用15%粉锈宁可湿性粉剂1000～1200倍液每隔10～15天喷洒1 次，可有效控制病害的发生。

北黄花菜的栽培技术

北黄花菜的繁殖育苗多采用分株繁殖与种子繁殖，栽培时选择适宜的生境，如林间空地、林缘、荒山坡地等即可，其管理一般也相对比较粗放。

北黄花菜的繁殖：分株繁殖是北黄花菜常用的无性繁育方法之一。优良种株选择标准：植株生长健壮而紧凑，无病虫害，优良品质性状表现明显。花（朵）蕾大而多、花瓣肥厚，园林观赏应用或食用品质好。叶片短而肥厚，颜色较深。北黄花菜播种繁殖春秋均可。

播种繁殖：北黄花菜采种应选择生长健壮、无病虫害、品质优良的种株上进行采种。一般在8～9月份果实泛黄时就应及时采集，否则蒴果极易开裂，种子散落。果实采集后阴干，待果实自然开裂、种子脱落后收集起来，除去杂质、瘪种即可收藏储存备用。露地播种育苗是目前获得大量北黄花菜幼苗的主要方法之一。选择富含腐殖质、排水良好的砂壤土，床高在15～ 20cm、宽112～115cm、长10～30m为宜，做床时应结合整地每亩施入腐熟有机肥底肥1200～1300kg。

秋播一般在种子采收后于9月下旬露地直接播种，翌春发芽；春播将去年秋季采集的种子，先用温水浸种2小时，后用0.13%～0.15%浓度的高锰酸钾浸种消毒2小时左右，然后用清水冲洗1小时左右，沥水后用1（种子）: 6～8（干净细河沙）体积比沙藏，沙藏期间应经常翻动，温度应控制在20～25℃左右，待见白后（一般情况下10～15天）及时播种。经催芽的种子播种后发芽率与发芽势均有较大提高。北黄花菜播种育苗一般按每亩播种后出苗10万株左右确定播种量为宜（种子千粒重40～50g），秋播翌年春发芽率75%～80%，经过催芽后春播发芽率90%左右。

北黄花菜高床育苗一般多采用沟（条）播，播种时每隔10cm左右开深约2～3cm的沟槽，把种子按3～5cm间距均匀地播入沟内，覆盖已消毒筛好的细土，再薄铺一层细沙后，适当镇压即可。一般出苗前2～3天浇一次水，出苗后3～5天浇一次水。应控制土壤见干见湿为宜。

分株繁殖多在春季萌芽前或秋季叶枯萎后进行。选择阴天，以挖取种株株丛的一部分分蘖芽作为种苗，每丛带2～3 个芽，挖取部分要带根，从短缩茎处割开，将老根、配根和病根剪除，尽量保留肉质根，适当剪短（约留10cm）后即可栽植。

栽培与苗期管理：当播种苗长出2～3片叶后，薄施一次氮肥，即尿素5～7kg/亩，入秋叶子枯萎前喷施1～2次0.15%左右的磷酸二氢钾。中耕除草：在土壤表土见干时，应及时进行松土；除草应掌握除早除小的原则。北黄花菜栽植春秋定植均可。栽植床做床时应结合整地每亩施入腐熟有机肥1000～1200kg为底肥，床的规格一般高在10～15cm、宽120cm、长20～30m。栽植株行距为25cm×25cm，每穴1丛，每亩7000穴左右。如果需要继续扩繁，一般可在3年后（即每丛6～8芽以上）再分株一次。栽植穴深度以30cm左右为宜，栽植时不宜过深或过浅，过深分蘖慢，过浅分蘖虽快，但多生长瘦弱，覆土应掌握在比原根颈深1～1.5cm为宜。

北黄花菜作蔬菜生产栽植时，多用播种苗（一年生苗）垄栽（也可床栽）定植。栽植前结合整地每亩施入1500～1800kg腐熟有机肥（底肥），并且对播种苗进行分级栽植是获得较高单位面积产量的重要措施之一。垄栽多以双高垄双行栽植，双高垄的规格为垄高10～15cm，每小垄宽30cm，小垄间距20cm，大垄间距50cm。穴距30cm左右，丛植每穴3～4株，每亩3500穴左右。床的规格与绿化苗培育床相同，定植株行距为30cm×30cm，丛植每穴2～ 3株，每亩4000穴左右。

春季萌芽后如土壤水分不足将会影响开花数量，为此，春旱时与施肥后应适时浇水，以保持土壤湿润为宜。秋季入冻前适时浇灌防冻水，翌年植株可提早返青，有利于提早花期与促进花蕾增大。浇水时一定要浇足、浇匀，以早晨和傍晚为好。

北黄花菜在定植后应及时中耕除草。苗期中耕宜浅不宜深，随苗龄的增加，中耕加深。中耕除草应在土壤墒情适中时进行，叶丛覆盖土地后即可停止。除草既可采用传统的人工除草，也可选择使用适合的除草剂，但使用除草剂必须严格按说明书或在专业人员指导下使用。

北黄花菜一般在栽植后第2 年就应适时追肥。全年最好施3次追肥，第1次在新芽长到约10cm时，施以氮肥为主并配合磷钾肥，以促进植株健壮生长和花茎多分枝，早现蕾；第2次在见到花茎时应以补充磷钾肥为主，可促使花朵肥大；第3次在开花后10天内增施一次氮磷钾混合肥，以利迅速补充植株由于大量开花造成的体内养分消耗，促使植株尽快恢复正常生长发育。

北黄花菜在培育绿化苗时，应适当控制开花数量，需要时应及时剪除萎蔫花朵、开完花的花茎与枯死叶，以利促进植株生长与分蘖和防止一些病虫害侵入。做蔬菜栽培时一般在花蕾采收后割去花莛和老叶，再结合施一次肥，以促使秋苗叶丛茂盛，多生新根和花芽分化，提高翌年花蕾产量。

北黄花菜的根系有逐年向地表上移的趋势，在秋冬与春季解冻时要注意适时根基培土。根基培土不仅有利于冬季防寒，而且也有利于早春抗旱。

病虫害防治：北黄花菜常见的病虫害主要有萱草锈病、萱草叶枯病、萱草炭疽病与红蜘蛛、蚜虫和金龟子等。防治方法同前。

大花萱草的栽培管理技术

大花萱草繁殖：大花萱草结实率低，一般不采用种子繁殖，而是利用无性繁殖，应用最广泛的是分株繁殖和组织培养。分株繁殖大花萱草可从根茎部发生多数萌蘖，分离后形成新植株，成为茎蘖苗，1个苗1年可分生5 ~ 6个茎蘖苗。分株繁殖一般在3月中旬和10月中下旬进行。首先挖出株丛，再用刀将株丛分切成1 ~ 2个芽的小株，每小株需带一定的根，切忌切伤生长点。春天分株，夏季即可开花，只是花期略有推迟。一般情况下2 ~ 3年分株1次，以保证有旺盛的生长势。秋季分株宜早不宜晚，上冻前浇好越冬水，以确保安全越冬。

组织培养：通过组织培养法可保持不同品种的本身性状，并可在短期内获得大量种苗。不同品种的大花萱草的外植体部位和繁殖的培养基配方都不相同，因此需要按品种特性，实验获得最佳的培养基和最适的外植体及培养条件。

栽培与苗期管理：移栽前需要整地，深翻土地，细碎土块，以促进土壤中微生物的活动，有利于养分活化，保水保墒，促进萱草的根系生长。耕耘后的土地施入腐熟的有机肥。

种植分两种情况，如果是以群体观赏效果为主，株行距在10cm×15cm，便在短期内覆盖地表，以达到美化效果；如以繁殖生产为目的，株行距应放大到20cm×25cm，以保证根系有充裕的生长空间，促进不定芽分生。

定植后需浇2～3次透水。移栽当天应第1次浇透水，隔2～3天再浇1次。如有条件，7天后浇第3次水，并及时覆土，而后需及时松土以保持土壤墒情。早春，浇1次返青水，能够迅速生长，现蕾早而且多。随着大花萱草的迅速生长，进入需水关键期，如蕾期、花期、花后；此外，除了以上几个关键时期浇足水外，还要视天气情况及时进行浇水或排水。11月份上冻前，浇足1次越冬水，即可安全越冬。大花萱草缺肥时叶片变黄，定植前需要施足有机肥，后期管理结合浇水追施磷酸二氢钾和碳酸氢铵。在定植后、幼苗期应及时进行中耕除草。

病虫害防治：病害主要为锈病，防治办法为：① 种植密度合理，使植物有良好的通风条件。② 加强田间卫生管理，清除种植区内侵染源。③初期用15%粉锈宁可湿性粉剂1000～1200倍液或80%代森锌500倍液叶面喷施。④选育抗病品种。

虫害主要为地老虎危害根系，可用0.5%敌百虫灌根杀虫，效果很好。

第六章 萱草在园林绿地中的应用

近年来，萱草属植物在园林市场开始走俏，不仅因其花大色艳，颜色丰富，栽培简单，管理方便，且春季萌发较早，绿叶成丛，无论是在绿荫下，还是道路旁，丛植、孤植都不失为极其赏心悦目的景观，再配以颜色鲜艳的花朵，观赏价值很高。各国对萱草的应用和月季一样都十分广泛，可是我国的萱草应用，目前还没有全面开展。

国外在庭院和街道绿化中大量应用各种萱草。萱草是花园设计中的理想植物。另外还建有大量的萱草展览花园，仅北美就有300多个萱草展示园，这种展示形式不仅使公众对萱草品种产生兴趣，而且也尽可能地展示了萱草的各种应用形式，便于参观的民众学习和使用。萱草的园林应用主要有：

（1）**萱草花境**：萱草花期集中，在盛夏开花，在夏季很少有哪种植物的种类和花色如萱草这样丰富。

（2）**萱草展示花园**：选择萱草不同品种，可延长萱草花期并形成一个悦人的花园展示。

（3）**家庭小庭院的应用**：萱草因其丰富亮丽的颜色和自然的曲线美，极适合在小别墅花园中应用。

多数萱草品种可以在北方露地越冬。萱草栽培过程中不需要过多的浇水，是节水的有花地被，利用萱草有助于实现节约型园林建设。

萱草应用种类繁多，花色各异，高矮错落，在城市绿化、别墅花园和花园展示起着重要作用。萱草的优势是可以在盛夏的季节开花，花大，色艳，耐贫瘠和粗放管理，因此有着广泛的应用前景。

萱草自古被称为“中国母亲花”，几千年来已深深地融入了中华民族的文化之中，随着经济的腾飞，人们越来越重视精神文化生活，有文化内涵的花卉都逐渐被人们广泛地栽培应用，而萱草在中国的栽培应用远不如牡丹、梅花、月季、菊花等传统花卉，人们必将发现并重视萱草的文化内涵，所以，萱草市场的高度繁荣是指日可待的。

萱草

各论

记录指标

北京植物园萱草品种记录指标：以引种栽种3年的植株为测量对象，观测以下数据。

1. 株高——从地面到叶最顶端的距离为株高。
2. 冠幅——植株相对集中区域的最远端距离为冠幅。
3. 繁殖系数——以一个芽为单位，每年增殖的芽数的平均值作为繁殖系数，反映了该品种植株的增殖能力。
4. 叶子形态——测量叶宽和叶子形态的描述以及特殊的不同之处。
5. 开花季节——开始于第一个品种开始开花，结束于最后一个品种开始开花。每个品种的花期则是开始于第一朵花的开放，结束于最后一朵花的凋落，萱草的花期集中在6~8月，每年因气候不同稍有不同。美国萱草协会将其分为EE-极早花期、E-早花期、EM-中早花期、M-中花期、ML-中晚花期、L-晚花期和VL-极晚花期共7个花期，每个花期相差1~4周。因为萱草花期相对集中，实际记录中我们一般分为早花期、中早花期、中花期、中晚花期和晚花期进行记录。
6. 再次开花——一些萱草品种在一个生长季节有超过一个周期的花期。它们中的一些开花早，然后休息一段时间，再次开花，如品种‘喜归来’；有的萱草则是持续的花期，接连不断地开花几个月，如‘金娃娃’。但因为再次开花的性状在不同的地区和年份表现有差异，我们只记载在北京地区栽培的二次开花性状。
7. 花径——花在自然开放状态下，花最宽的地方两点之间的距离就是花径。不可以将折叠处伸直进行测量。根据花径大小将小于11cm的记录为微型和小型花，大于11cm的记录为大花。同时测量记录花瓣和花萼的宽度。
8. 花色——分别用英国皇家园艺协会的色卡（RHSCC）和分光色差计记录花瓣、花萼、花喉、眼斑、水印、镶边等的颜色，并将品种分为同色、双色、带眼斑和镶边这三类花色类型。
9. 花型——记录花的形状，将品种分为单瓣型和重瓣型，单瓣型下又分为普通花型、多瓣型、蜘蛛及独特花型这三类花型。

10. 花瓣描述——因为萱草品种丰富，很多品种非常相似，在观测中记录花瓣的形状、边缘褶皱、花纹和中肋以及花瓣质地等性状，有利于不同品种间的区分。

11. 花莛高度——从地面到花莛顶端的距离为花莛高度。

12. 花香——观测记录时人工闻嗅，记录香味的有无和类型。

13. 单芽平均花莛数——记录每个品种的总芽数和总花莛数量，用总花莛数量除以总芽数得到单芽平均花莛数。该数值反映植株总的开花能力，低于0.5植株产花量较小；0.5~0.7为中等产花量；0.7以上为较大产花量，通常观赏期长，观赏效果好。如果该数值大于1，说明该品种具有持续开花的能力，记录为再次开花品种。

14. 单花莛平均花量——每个品种的总花量除以总的花莛数得到单花莛平均花量。该数值配合单芽平均花莛数反映植株的产花能力，低于10朵的花量较小，10~20朵为中等花量，20朵以上花量较大。通常花量大的品种开花期长，观赏效果好。

单瓣萱草

单瓣萱草是相对于重瓣萱草而定义的。单瓣萱草的花仅由一轮花瓣、花萼、雄蕊和雌蕊组成。重瓣萱草是指多出一轮花瓣或者是雄蕊瓣化后的品种。

典型的单瓣萱草有3个花瓣和3个花萼，花型和花色变化较大，本书按照花的特征进行分类，虽然分类中有性状的交叉，但是比较直观，且利于园林栽培者根据自己的需要进行设计应用。按照花型和花色为主要分类标准，将萱草分为以下类别：

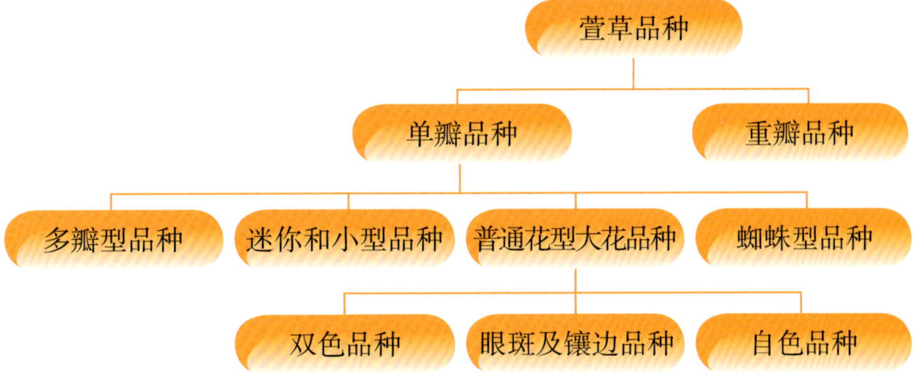

多瓣型萱草

典型的单瓣萱草有3个花瓣和3个萼片，花瓣和花萼统称为花冠，多于典型花冠数量的萱草称为多瓣型萱草，很多人都是第一次注意到这些多瓣型花。

萱草的花由4轮组成：第一轮为萼片，第二轮为花瓣，第三轮为雄蕊，第四轮为雌蕊。通常每一轮为3的特征数量，对应每个花瓣有两个雄蕊，一个着生在花瓣中心，一个着生在花瓣的边缘，构成了一轮6个雄蕊。每个萱草花仅有一个雌蕊，但仔细观察花柱顶部柱头分为三部分。总之，典型的萱草花以3为基数，花的每一部分都可均分为三。

多瓣型萱草的基数从3改变到4、5或者更多，事实上这个基数从3变到4，花的每一部分都是4的倍数，4个花瓣和萼片，雄蕊也相应变成了8个，雌蕊的子房也就分为了4室。雌蕊直观上很难看清分为四部分，但如果你给雌蕊授了粉，种子形成并成熟后就可以清晰地看出是四室而不是典型的三室。

4瓣的萱草是比较普遍的，但育种者也培育出了5瓣的萱草，这样的萱草有5个花瓣和萼片，10个雄蕊和1个5室的雌蕊。育种结果表明，雄蕊的数量是随着花瓣的基数而增加的，但并没有培育出超过5基数的萱草品种。

因为都含有比平常数量多的花瓣，人们常会将多瓣型萱草和重瓣萱草混淆。实际上重瓣萱草增加的是轮数，而每一轮的数量则保持3个花瓣，同时雄蕊这轮也变成了花瓣状。多瓣型萱草则是非常不同的，第一，雄蕊中并没有增加花瓣状物，第二，多瓣型萱草仅有一层花瓣，它们是在单层花瓣中改变花瓣的数量。

多瓣型萱草并不受到所有人的欢迎，许多育种者都认为它们就像难看的丑小鸭。甚至有的育种者认为它们非常难看，一旦发现就赶紧扔掉。然而，很多育种者还是看到了多瓣型萱草在未来育种中的潜能，多瓣型萱草有4个花瓣，使得花看起来像方形的，这也符合一部分人的审美观点。现在这一花型还处于研究的早期，大部分的多瓣型萱草多瓣性不够稳定，花瓣宽度不够，并且细微之处缺乏改进等。现在在多瓣型萱草的育种中也在四倍体中逐渐取得进展，第一个四倍体的多瓣型植株最近也培育出来了，因此在该领域的育种也将逐步加快。

许多育种者希望看到多瓣型萱草具有现代萱草的那些特征变得更加美丽，一个主要的育种目标就是育出5瓣的萱草，5瓣的萱草花型看起来更加圆润且丰满。在普通的单瓣萱草育种中，增加花瓣的宽度进而使花型变圆也是育种目标，而5瓣的萱草则会使花型看起来更加圆。另外对于花瓣来说，其他的特征，比如迷人的边缘会使花看起来更加吸引人，对于多瓣型萱草很多特征还是处于想象阶段：多瓣的重瓣型可以大大提高花瓣的数量，从而使花型更丰满，且多瓣的蜘蛛型会有更多的卷须，看起来更像是一个真正的蜘蛛。

‘炉火’萱草

H.'Open Hearth'

二倍体植株。成年植株高约70cm，冠幅约90cm，繁殖系数为3.5，叶子绿色，为不规则扇形排列，叶宽4.1cm，花为中花期，偶尔可见变异为4瓣。花红色，花萼颜色稍浅，花喉黄色，花型为独特的勺型，花径18.5cm，花瓣宽5cm，花萼宽3.5cm，花瓣纺锤形，顶端稍扭曲，边缘无褶皱，花纹非常明显，质地薄，结构松散。花莛高80cm，单芽平均花莛0.7支，单花莛花量平均17.6朵。

‘夏日壮观’萱草

H.'Summer Splendor'

二倍体植株。成年植株高约40cm，冠幅约45cm，繁殖系数为1.2，叶宽约1.5cm，花为中花期。花橘黄色，花喉黄绿色，花型开张平展，花径14cm，花瓣宽4cm，花萼宽2.5cm，花瓣尖椭圆形，顶端扭曲，边缘稍褶皱，花纹明显，中肋颜色浅，出现了5个花瓣的花朵。花莛高为55cm，单芽平均花莛1支，单花莛花量平均11朵。

‘图尼克’萱草

H.'Tonkin'

二倍体植株。成年植株高约45cm，冠幅约60cm，繁殖系数为2.8，叶宽约2cm，花为中花期，二次花品种，不受栽培条件限制，每年都会出现多朵多瓣的花。花黄色，花喉黄绿色，花型开张平展，花径14cm，花瓣宽4cm，花萼宽3.3cm，花瓣长椭圆形，表面稍有凸起，边缘褶皱，顶端扭曲，中肋突出。花莛高为80cm，单芽平均花莛1.2支，单花莛花量平均12朵。

‘玛丽’萱草

H.'Mary Todd'

四倍体植株。成年植株高约50cm，冠幅约55cm，繁殖系数为2.6，叶宽约3.1cm，花为中花期。花明黄色，花喉黄绿色，花为外卷型，花径为14cm，花瓣宽4.8cm，花萼宽2.5cm，花瓣为长椭圆形，向外翻卷，边缘褶皱，花瓣质地肥厚。花莛高65cm，单芽平均花莛1.2支，单花莛花量平均16朵。

‘印第安姑娘’萱草

H.'Trahlyta'

二倍体植株。成年植株高约60cm，冠幅约80cm，繁殖系数为2.5，叶子黄绿相间，为规则扇形排列，叶宽3.2cm，花为中花期。花灰紫色，带有深紫色眼斑，花喉绿色，花为蜘蛛型，花径18cm，花瓣宽4.9cm，花萼宽3cm，花瓣细长，顶端翻转扭曲，花纹明显，中肋突出，近白色。花莛高80cm，单芽平均花莛0.7支，单花莛花量平均16.2朵。

‘堇依索’萱草

H.'Isolde'

二倍体植株。成年植株高约58cm，冠幅约60cm，繁殖系数为3.1，叶子绿色，为规则扇形排列，叶宽3.4cm，花为中早花期，花经常变异为4瓣。花紫色，花喉绿色，花型开张稍外卷，花径15cm，花瓣宽5.5cm，花萼宽3.3cm，花瓣长椭圆形，顶端反转扭曲，边缘稍褶皱，花纹颜色明显稍深，中肋突出，为白色。花葶高85cm，单芽平均花葶1支，单花葶花量平均13朵。

‘珍贵溪流夫人’萱草

H.'Lady Preeious Stream'

二倍体植株。成年植株高约45cm，冠幅约55cm，繁殖系数为1.4，叶宽约3.1cm，叶缘扭曲，花为中早花期。花明黄色，花喉黄绿色，花型外卷不规整，花径13.5cm，花瓣宽6cm，花萼宽3.1cm，花瓣为椭圆形，表面凹凸，花瓣向外翻卷，边缘稍褶皱，中肋突出。花葶高为67cm，单芽平均花葶0.7支，单花葶花量平均8.8朵。

小型和迷你型萱草

小型萱草具有其独特的魅力，迷你型的花更是有特殊的迷人风格。群植的它们就像居住在小小世界里的一群精灵。育种者描述小型萱草性状时并不是简单地与大花萱草进行对比，因为小花的萱草中有许多大花萱草没有的生物特性。

按照美国萱草协会的标准，迷你型的萱草花径小于7.6cm，小型花或者矮型花花径在7.6~11.5cm之间。育种者比如Elizabeth Salter，Pauline Henry和Grace Stamile（她已经在二倍体大花育种上建立了一条完整的育苗生产线）在小型花的育种上不断取得成就。Grace Stamile 已经培育了一系列的二倍体小型花，并且开始培育四倍体系，包括带眼斑、镶边、重瓣等性状的品种。后来她又开始致力于迷你型四倍体的研究工作，并开拓了更宽的育种思路。在她去世之前，Pauline Henry培育出了小型的Siloam系列的萱草，在二倍体育种上做出重要的贡献。她育出的许多花都有非常漂亮的眼斑或者水印。Elizabeth Salter 在20世纪70年代后期开始小型萱草的育种，她希望在二倍体中培育复杂的眼斑，并在四倍体中培育颜色醒目的眼斑和蓝色的眼斑，在她选育出来的花中有许多水印状眼斑都是小型花中独一无二的。偏爱大花品种的育种者则致力于将这些性状加到大的四倍体花中，还有的育种者则是将小型花选育为重瓣、蜘蛛花型和其他吸引人的花型。小型花萱草的育种将是今后快速发展的一个焦点。

‘橙花’萱草

H.'Orange'

二倍体植株。成年植株高约50cm，冠幅约80cm，繁殖系数为3，叶宽约2cm，花为中花期，植株整洁挺拔。花橙粉色，花喉黄绿色，花瓣稍向外翻卷呈圆形，花型规整，花径9cm，花瓣宽3cm，花萼宽2cm，花瓣近圆形，边缘稍褶皱，表面有凹凸，中肋颜色稍浅。花莛高为65cm，单芽平均花莛0.8支，单花莛花量平均17朵，结实率高。

‘小酒杯’萱草

H.'Little Wine Cup'

二倍体植株。成年植株高约67cm，冠幅约60cm，繁殖系数为3，叶宽约3.2cm，叶黄绿色，花为中早花期。花紫红色，花喉绿色，花瓣向外翻卷，花型开张，花径8cm，花瓣宽3.2cm，花萼宽2cm，花瓣为长椭圆形，花纹明显颜色稍深，边缘褶皱，中肋近白色。花莛高为65cm，单芽平均花莛1支，单支花量平均为10.6朵。

‘山星’萱草

H.'Stella de Oro'

二倍体植株。成年植株高约35cm，冠幅约50cm，繁殖系数为4.1，叶宽约1.8cm，是非常好的连续开花品种，花期可从春季持续到秋季。花金黄色，花喉绿色面积很小，花瓣向外翻卷，花型规整，花径7cm，花瓣宽4cm，花萼宽2cm，花瓣近椭圆形，边缘稍褶皱，花纹和中肋较明显。花葶高为46cm，单芽平均花葶1.4支，单花葶花量平均5朵。

‘儿童节’萱草

H.'Children's Festival'

二倍体植株。成年植株高约40cm，冠幅约60cm，繁殖系数为4，叶宽约2cm ，不规则扇形排列，叶面黄绿相间，花为中早花期。花砖粉色，花喉黄色，花外卷型，花径9cm，花瓣宽3.9cm，花萼宽2.2cm，花瓣为长椭圆形，边缘稍褶皱，中肋颜色稍浅。花葶高为60cm，单芽平均花葶0.7支， 单花葶花量平均为18.8朵。

‘乳白滴’萱草

H.'Cream Drop'

二倍体植株。成年植株高约50cm，冠幅约70cm，繁殖系数为4.3，叶宽约2cm，扇形，叶面黄绿相间，花为中花期。花奶油黄色，花喉绿色，花为外卷型，花径7cm，花瓣宽3cm，花萼宽1.5cm，花瓣为椭圆形，花瓣边缘稍褶皱，花纹和中肋明显。花莛高为70cm，单芽平均花莛0.9支，单花莛花量为18朵，结实率高。

‘小野蜂’萱草

H.'Little Bumble Bee'

二倍体植株。成年植株高约40cm，冠幅约50cm，繁殖系数为2.3，叶宽约1.9cm，花为中早花期。花黄色，花喉黄色较小，花喉上部为紫红色眼斑，花瓣稍外翻呈喇叭形，花径8cm，花瓣宽3.7cm，花萼宽2cm，花瓣椭圆形，顶端尖，边缘褶皱起伏大，花纹和中肋明显。花莛高为60cm，单芽平均花莛0.9支，单花莛花量平均25.4朵。

‘及尔大使’萱草

H.'Ministella Geel'

二倍体植株。成年植株高约30cm，冠幅约40cm，繁殖系数为4.8，叶宽约1.2cm，叶为不规则扇形排列，花为中早花期。花黄色，花喉黄绿色，花瓣向外翻卷，花呈圆形，花径5.2cm ，花瓣宽3.1cm，花萼宽1.2cm，花瓣近圆形，花瓣表面有凹凸。花莛高为37cm，单芽平均花莛0.8支，单花莛花量平均7.1朵。

‘诺米路’萱草

H.'Naomi Ruth'

二倍体植株。成年植株高约40cm，冠幅约60cm，繁殖系数为3.1，叶宽约2cm，花为中花期。花橘粉色，花喉黄绿色，花瓣下部花喉上颜色稍深，花型开张近圆形，花径11cm，花瓣宽3cm，花萼宽2cm，花瓣椭圆形，边缘有褶皱，花纹明显，中肋颜色稍浅。花莛高为55cm，单芽平均花莛0.9支，单花莛花量平均为22朵。

‘雨滴’萱草

H.'Raindrop'

二倍体植株。成年植株高约30cm，冠幅约55cm，繁殖系数为1.9，叶宽约2.1cm，黄绿相间，株型非常整洁，花为中花期。花黄色，花喉绿色，花瓣外卷近圆形，花径6cm，花瓣宽4.3cm，花萼宽3cm，花瓣近圆形，向外翻卷，花纹明显。花莛高为45cm，单芽平均花莛0.9支，单花莛花量平均14.2朵。

‘娃娃语’萱草

H.'Siloam Baby Talk'

二倍体植株。成年植株高约30cm，冠幅约50cm，繁殖系数为2.8，叶宽约1.9cm，不规则扇形，花为中花期。花肉粉色，花喉绿色，带有玫瑰红色眼斑，花型平展开张，花径5.5cm，花瓣宽3.1cm，花萼宽2cm，花瓣为椭圆形，边缘褶皱，花纹明显，中肋突出，颜色稍浅。花莛高40cm，单芽平均花莛0.7支，单花莛花量平均8.4朵。

‘喜归来’萱草

H.'Happy Returns'

二倍体植株。成年植株高约45cm，冠幅约55cm，繁殖系数为3.7，叶宽约1.9cm，规则扇形排列，花为早花期，在栽培中有明显的二次开花。花黄色，花喉同色，花型平展开张，花径8cm，花瓣宽4.2cm，花萼宽2.5cm，花瓣为长椭圆形，边缘有褶皱，表面凹凸，花纹和中肋明显。花莛高60cm，单芽平均花莛1.5支，单花莛花量平均12.4朵。

‘小废物’萱草

H.'Little Bugger'

二倍体植株。成年植株高约45cm，冠幅约60cm，繁殖系数为2.1，叶宽约2cm，花为中花期。花橘黄色，花喉同色，花瓣稍向外翻卷呈喇叭形，花径8cm，花瓣宽2.3cm，花萼宽1.5cm，花瓣为尖椭圆形，边缘有褶皱，花纹和中肋明显。花莛高为50cm，单芽平均花莛0.7支，单花莛花量平均20朵。

‘早花常开’萱草

H.'Early and Often'

二倍体植株。成年植株高约45cm，冠幅约63cm，繁殖系数为3，叶子绿色，为规则扇形排列，叶宽2.8cm，花为早花期。花砖粉色，花瓣下部颜色稍深，花喉黄色，花型平展开张，花径10cm，花瓣宽4.4cm，花萼宽2.8cm，花瓣椭圆形，表面凹凸，边缘褶皱，花纹和中肋明显。花莛高50cm，单芽平均花莛0.6支，单花莛花量平均12朵。

‘蕾丝精灵’萱草

H.'Leprechaun's Lace'

成年植株高约40cm，冠幅约46cm，繁殖系数为3.1，叶子绿色，为规则扇形排列，叶宽2cm，花为中早花期。花杏橘红色，花喉黄绿色，花为外翻型，花径7cm，花瓣宽3cm，花萼宽1.7cm，花瓣长椭圆形，向外翻卷，边缘褶皱，花瓣表面凹凸，中肋颜色稍浅，花纹明显。单芽平均花莛0.7支，单花莛花量平均28朵。

‘梅琳达’萱草

H.'My Melinda'

四倍体植株。成年植株高约60cm，冠幅约65cm，繁殖系数为2.5，叶子绿色，为不规则扇形排列，叶宽3cm，花为中花期。花砖粉色，花喉黄绿色，花近圆形，花径10cm，花瓣宽4.7cm，花萼2.9cm，花瓣稍外卷，椭圆形，花瓣边缘褶皱，花纹明显，花喉上有稍深色的环。花莛高75cm，单芽平均花莛0.9支，单花莛花量平均38朵。

‘紫多尔’萱草

H.'Purple D'Oro'

二倍体植株。成年植株高约35cm，冠幅约50cm，繁殖系数为3.5，叶子绿色，为规则扇形排列，叶宽2.2cm，花为中花期。花暗紫色，花喉黄色，花开张度小，呈喇叭形，花径8cm，花瓣宽3.8cm，花萼宽2cm，花瓣椭圆形，花瓣下部颜色稍深，花瓣边缘有密集的褶皱，花纹明显颜色较深，中肋突出，颜色稍浅。花莛高45cm，单芽平均花莛0.8支，单花莛花量平均10.8朵。

‘红手套’萱草

H.'Red Mittens'

二倍体植株。成年植株高约45cm，冠幅约60cm，繁殖系数为4.5，叶子绿色，为规则扇形排列，叶宽2cm，花为中花期。花红色，花喉绿色，花瓣向外翻卷，花呈外卷型，花型不规整，花径8cm，花瓣宽3.2cm，花萼宽2.1cm，花瓣长椭圆形，边缘褶皱扭曲，花纹明显，中肋近白色。花莛高60cm，单芽平均花莛0.8支，单花莛花量25.6朵。

‘早玫红’萱草

H.'Rose Doohickey'

二倍体植株。成年植株高约57cm，冠幅约75cm，繁殖系数为4.1，叶子绿色，为不规则扇形排列，叶宽3.2cm，花为早花期。花砖红色，花喉绿色，带有深红色眼斑，花瓣外卷呈圆形，花径6cm，花瓣宽3cm，花萼宽1.7cm，花瓣近圆形，质地较厚，边缘褶皱，花纹明显，中肋突出，颜色稍浅。花莛高74cm，单芽平均花莛1.2支，单花莛花量平均30朵，花量大，观赏性强。

‘歉意’萱草

H.'Pardon Me'

二倍体植株。成年植株高约55cm，冠幅约80cm，繁殖系数为3.6，叶子绿色，为较规则扇形排列，叶宽2cm。花紫红色，花喉绿色，花型开张平展，花径7cm，花瓣宽3cm，花萼宽2cm，花瓣长椭圆形，稍向外翻卷，边缘褶皱，花纹明显，中肋颜色稍浅。花莛高65cm，单芽平均花莛0.7支，单花莛花量平均19.6朵。

‘归来玫瑰’萱草

H.'Rosy Returns'

二倍体植株。成年植株高约60cm，冠幅约70cm，繁殖系数为3.9，叶子绿色，为不规则扇形排列，叶宽2.8cm，花为早花期，二次花品种。花紫粉色，花喉黄绿色，带有较窄的紫红色眼斑，花萼向外翻卷，花呈三角形，花径12cm，花瓣宽4.3cm，花萼宽3.1cm，花瓣椭圆形，顶端稍外翻，边缘褶皱，花纹明显，中肋颜色稍浅。花莛高60cm，单芽平均花莛1.9支，单花莛花量平均9.1朵。

‘黄色小星’萱草

H.'Stella in Yella'

二倍体植株。成年植株高约45cm，冠幅约70cm，繁殖系数为3.9，叶子绿色，为规则扇形排列，叶宽3cm，花为极早花期。花黄色，花喉同色，花近喇叭形，花径7.5cm，花瓣宽5cm，花萼宽2.5cm，花瓣椭圆形，花瓣边缘有不规则褶皱，花纹和中肋较明显。花莛高60cm，单芽平均花莛0.5支，单花莛花量平均10朵。

‘美好前程’萱草

H.'Pastures of Pleasure'

二倍体植株。成年植株高约40cm，冠幅约40cm，叶较细，规则扇形排列，花为中花期。花粉色，花喉绿色，带有深粉色眼斑，花筒较长呈喇叭形，花径11cm，花瓣宽5cm，花萼宽3.5cm，花瓣尖椭圆形，边缘褶皱，花纹深粉色，中肋近白色。花莛高40cm，单花莛花量9朵。

‘红王子’萱草

H.'Pygmy Prince'

四倍体植株。成年植株高约50cm，冠幅约70cm，叶较宽，规则扇形排列，花为晚花期，二次花品种。花深红色，花喉绿色，花开张较小，呈喇叭形，花径10cm，花瓣宽4.5cm，花萼宽3cm，花瓣椭圆形，绒质感，边缘褶皱密集且整齐。花莛高60cm，单花莛花量15朵。

‘紫精灵’萱草

H.'Raspberry Pixie'

二倍体植株。成年植株高约40cm，冠幅约45cm，叶细长规则扇形排列，花为早花期，非常香。花紫粉色，花喉绿色，花径仅7cm，花瓣宽3.4cm，花萼宽2.4cm，花瓣尖椭圆形，边缘褶皱，花纹和中肋明显。花莛高45cm，单花莛花量10朵。

‘奖杯’萱草

H.'Trophy Taker'

成年植株高约40cm，冠幅约45cm，叶较宽，规则扇形排列，花为早花期。花洋红色，花喉黄绿色，带有深红色眼斑，花小近圆形，花径8cm，花瓣宽3.5cm，花萼宽2.5cm，花瓣近椭圆形，边缘褶皱密集整齐，花瓣上带有不规则的白色斑点，花纹明显，颜色稍深。花莛高50cm，单花莛花量9朵。

‘小葡萄紫’萱草

H.'Little Grapette'

二倍体植株。成年植株高约30cm，冠幅约80cm，繁殖系数为4.8，叶宽约2cm，花为中花期。花紫红色，花喉绿色，花瓣下部近花喉处颜色稍深，花瓣向外翻卷，花近圆形，花径8cm，花瓣宽2cm，花萼宽1.5cm，花瓣椭圆形，边缘稍褶皱，花纹和中肋明显。花莛高为60cm，单芽平均花莛0.7支，单花莛花量平均17朵。

‘小姑娘’萱草

H.'Little Missy'

二倍体植株。成年植株高约25cm，冠幅约60cm，繁殖系数为2.8，叶宽约1.5cm，花为中花期。花紫色，花喉绿色，花瓣边缘带有宽的浅色的镶边，花瓣外卷，花呈圆形，花径9cm，花瓣宽3cm，花萼宽1.5cm，花瓣椭圆形，边缘稍褶皱，花纹明显，颜色稍深。花莛高为50cm，单芽平均花莛0.5支，单花莛花量平均10.6朵。

‘摇篮曲’萱草

H.'Lullaby Baby'

二倍体植株。成年植株高约63cm，冠幅约55cm，繁殖系数为3.6，叶宽约2cm，花为中早花期。花淡粉色，花喉绿色，花瓣平展开张近圆形，花型规整，花径9cm，花瓣宽3.4cm，花萼宽2.7cm，花瓣为椭圆形，边缘有褶皱，花纹和中肋明显。花莛高为70cm，单芽平均花莛0.6支，单花莛花量平均18.8朵。

‘小星星’萱草

H.'Mini Stella'

二倍体植株。成年植株高约27cm, 冠幅约40cm, 繁殖系数为2.3, 叶宽约1.4cm，规则扇形排列, 花为早花期。花黄色, 花喉绿色，花瓣下部有橘黄色的斑，花瓣向外翻卷呈圆形，花径5.5cm，花瓣宽3cm，花萼宽2cm，花瓣近圆形，边缘稍褶皱，花瓣表面有凹凸。花莛高为40cm，单芽平均花莛0.8支，单花莛花量平均8朵。

‘粉点心’萱草

H.'Pink Puff'

二倍体植株。成年植株高约35cm，冠幅约70cm，繁殖系数为2.4，叶宽约3cm，花为中花期。花为橙粉色，花喉绿色，花瓣下部带有很细的黄色的环，花型规整近圆形，花径8.5cm，花瓣宽4.5cm，花萼宽3.5cm，花瓣近圆形，边缘稍褶皱，花纹和中肋明显。花莛高为60cm，单芽平均花莛1支，单花莛花量平均8朵。

‘小卷儿’萱草

H.'Ringlets'

二倍体植株。成年植株高约40cm，冠幅约50cm，繁殖系数为2，叶宽约1.5cm，花为中花期。花橘黄色，花喉同色，花瓣稍扭曲，花呈喇叭形，花径8cm，花瓣宽5cm，花萼宽1.5cm，花瓣为长椭圆形，花纹明显，花瓣边缘有褶皱，中肋颜色稍浅。花莛高为60cm，单芽平均花莛0.9支，单花莛花量平均13朵。

‘桑波利亚’萱草

H.'Thumbelia'

二倍体植株。成年植株高约25cm，冠幅约50cm，繁殖系数为1.8，叶宽约2cm，花为中花期。花橘黄色，花喉橘红色，花呈喇叭形，花径5cm，花瓣宽1.5cm，花萼宽1cm，花瓣顶端稍尖，萼片向外翻卷，花瓣为长椭圆形，平滑，质地较薄。花莛高为50cm，单芽平均花莛0.6支，单花莛花量平均23朵。

‘玩偶世界’萱草

H.'Toyland'

二倍体植株。成年植株高约45cm，冠幅约60cm，繁殖系数为2，叶宽约1.8cm，叶色黄绿，花为中花期。花橘红色，花喉颜色稍深于花瓣，花筒较长，花近圆形，花径6.5cm，花瓣宽3cm，花萼宽2cm，花瓣为椭圆形，稍有褶皱，中肋和花纹明显。花莛高为53cm，单芽平均花莛0.5支，单花莛花量平均30朵。

‘甜豆’萱草

H.'Sweet Pea'

二倍体植株。成年植株高约40cm，冠幅约55cm，繁殖系数为3.3，叶宽约1.4cm，为规则扇形排列，花为中早花期。花明黄色，花喉绿色，花瓣向外翻卷，花呈三角形，花径5cm，花瓣宽3.8cm，花萼宽3.2cm，花瓣椭圆形，表面有凹凸，花瓣顶端扭曲向外翻卷，花纹和中肋明显。花莛高为75cm，花单芽平均花莛0.9支，单花莛花量为10.6，结实率高。

‘童子军’萱草

H.'Cub Scout'

二倍体植株。成年植株高约35cm，冠幅约50cm，繁殖系数为2，花为中花期。花杏黄色，花喉绿色，花型开张近三角形，花径9cm，花瓣宽3.5cm，花萼宽1.8cm，花瓣近圆形，边缘褶皱整齐，花纹和中肋明显，橘红色。花葶高50cm，单芽平均花葶0.8支，单花葶花量平均8朵。

‘薇尼’萱草

H.'Winnie the Pooh'

二倍体植株。成年植株高约30cm，冠幅约70cm，繁殖系数为2.8，叶宽约1cm，花为中花期。花浅橘黄色，花喉绿色，花瓣向外翻卷，花呈外卷型，花径8cm，花瓣宽3cm，花萼宽1.5cm，花瓣为尖椭圆形，边缘有较宽褶皱且呈碎齿状。花葶高为50cm，单芽平均花葶0.3支，单花葶花量平均4朵。

普通花型　双色萱草

‘海尔范’萱草

H.'Frans Hals'

二倍体植株。成年植株高约45cm，冠幅约55cm，繁殖系数为2.1，叶宽约1.5cm，花为中早花期。花瓣亮锈红色，花萼橘黄色，花喉黄绿色，为双色花，花型开张外卷，花径18cm，花瓣宽3.5cm，花萼宽2cm，花瓣为长椭圆形，边缘稍有褶皱，中肋明显，橘黄色。花莛高50cm，单芽平均花莛1支，单花莛花量平均21朵。

‘晨光’萱草

H.'Morning Sun'

成年植株高约60cm，冠幅约65cm，繁殖系数为2.6，花为中花期。花瓣红色，花萼橘黄色带有少量红色斑片，花喉橘色，为双色花，花型外卷近圆形，花径15cm，花瓣宽5.6cm，花萼宽3.1cm，花瓣为椭圆形外卷，边缘稍褶皱，花纹和中肋明显。花莛高75cm，单芽平均花莛0.7支，单花莛花量平均13.5朵。

‘神圣起源’萱草

H.'Heavenly Beginnings'

四倍体植株。成年植株高约70cm，冠幅约70cm，繁殖系数为3.1，叶子绿色，为规则扇形排列，叶宽3.3cm，花为中晚花期。花瓣红色，花萼黄色，花喉绿色，花型开张呈三角形，花径15cm，花瓣宽4.5cm，花萼宽3.5cm，花瓣长椭圆形，边缘褶皱带鲨鱼牙状齿，中肋黄色，花纹明显，花瓣质地肥厚。花莛高75cm，单芽平均花莛1支，单花莛花量平均10.8朵。

‘布拉斯敦’萱草

H.'Brasstown'

二倍体植株。成年植株高约45cm，冠幅约60cm，生长势弱，繁殖系数为2.1，叶子黄绿色，为规则扇形排列，叶宽3.2cm，花为中花期。花瓣莓红色，花萼奶油色，花喉绿色，花型平展平盘状，花径13.5cm，花瓣宽3.9cm，花萼宽2.7cm，花瓣细椭圆形，顶端扭曲，边缘稍褶皱，花纹和中肋明显，中肋颜色稍浅。花莛高70cm，单芽平均花莛1支，单花莛花量平均18.8朵。

‘杰西小姐’萱草

H.'Miss Jessie'

二倍体植株。成年植株高约60cm，冠幅约85cm，繁殖系数为3，叶子绿色，为规则排列，叶宽2.6cm，花为中花期。花瓣浅紫色，花萼黄色，花喉绿色，带有紫色眼斑，花为蜘蛛变型，花瓣长宽比为4:1，花径20cm，花瓣宽4.2cm，花萼宽2.4cm，花瓣细长，边缘褶皱，中肋浅黄色，花纹和中肋明显，花瓣质地较薄。花莛高105cm，单芽平均花莛0.9支，单花莛花量平均17.4朵。

‘最终触摸’萱草

H.'Final Touch'

二倍体植株。成年植株高约60cm，冠幅约70cm，繁殖系数为1.6，叶子绿色，为规则扇形排列，叶宽2.5cm，花为中晚花期。花瓣粉红色，花萼淡紫色，花喉绿色，花型开张平展，花型规整，花径15cm，花瓣宽5.5cm，花萼宽3.5cm，花瓣椭圆形，边缘褶皱整齐密集，中肋突出，颜色稍浅，花纹明显。花莛高55cm，单芽平均花莛0.7支，单花莛花量平均10朵。

‘模纹大师’萱草

H.'Pattern Master'

四倍体植株。成年植株高约50cm，冠幅约45cm，叶顶端稍扭曲，花为中早花期，花有甜香味。花瓣紫红色，花萼浅粉色，花喉绿色渐变黄，带有深紫色眼斑，花瓣外卷呈三角形，花径13.5cm，花瓣宽5.5cm，花萼宽3.5cm，花瓣椭圆形，带有细的黄色镶边。花莛高50cm，单花莛花量8朵。

‘惊艳之作’萱草

H.'Startling Creation'

四倍体植株。成年植株高约45cm，冠幅约50cm，叶较宽，不规则扇形排列，花为中花期。花红黄双色，花喉黄绿色，花瓣外卷，花呈三角形，花径19cm，花瓣宽6cm，花萼宽3.5cm，花瓣长椭圆形，边缘带有黄色的齿状镶边，花纹明显，中肋黄色。花莛高80cm，单花莛花量15朵。

‘大胆’萱草

H.'Bold Courtier'

二倍体植株。成年植株高约50cm，冠幅约60cm，繁殖系数为1.7，叶宽约3cm，花为中早花期，二次花品种。花瓣橘红色，花萼橘黄色，花喉绿色，花型平展开张呈星型，花径17cm，花瓣宽4.5cm，花萼宽2.3cm，花瓣为长椭圆形，边缘近无褶皱，花纹和中肋明显，中肋黄色。花莛高为90cm，单芽平均花莛1.1支，单花莛花量平均29.2朵。

眼斑和镶边萱草

带眼斑的萱草品种是从许多带有深色眼斑的种中选育出来的，育种者已经明显地改变了眼斑的特性，使得眼斑越来越漂亮。

首先是眼斑的大小，从非常窄的一条变成了近些年的一些品种几乎覆盖了花瓣的表面。其次眼斑的形状也发生了变化，有三角形的，也有大面积的不规则形状。有些眼斑沿着中肋延伸出去直达花瓣边缘。眼斑的颜色也愈加突出，形成强烈的对比，有渐黑色的，也有鲜艳的血红色，而且萱草中的蓝色也仅在眼斑中存在。水印状眼斑由一条似眼线的深色围成，围成的内部由深色区域逐渐变浅，也增加了眼斑颜色的变化。同时对花瓣背景色的选育也是为了更加突出眼斑的颜色。

现代萱草的眼斑颜色沿着花瓣的边缘向外扩散，将这个性状描述为康乃馨边缘。这些镶边像一条细细的线从眼斑处蔓延到花瓣的边缘。育种者最后的目标是要将眼斑醒目的颜色完全环绕到花瓣的边缘。

当育种者培育出了大量的带有相同颜色的镶边和眼斑的萱草时，也有较少的育种者选育出了深色镶边但没有眼斑的品种。育种者为了增加这些没有眼斑的萱草的观赏性，就努力改变镶边的特性，比如增加了镶边的宽度，并且还新出现了银色、金色和白色的第二道边缘。这个复杂的镶边带给人们震撼的效果。在一些品种中，非常大的眼斑和非常宽的镶边使得花瓣的本色保留得越来越少。

粉色

‘莱恩大厦’萱草

H.'Lynn Hall'

二倍体植株。成年植株高约45cm，冠幅约50cm，繁殖系数为1.8，叶宽约1cm，花为中花期。花肉粉色，花喉黄绿色，带有细的三角形红色眼斑，花型开张平展，花径10cm，花瓣宽2.8cm，花萼宽2cm，花瓣长椭圆形，顶端稍尖且扭曲，边缘褶皱，花纹明显，中肋突出。花莛高为60cm，单芽平均花莛1支，单花莛花量平均6朵。

‘比尔草原’萱草

H.'Prairie Bells'

二倍体植株。成年植株高约35cm，冠幅约50cm，繁殖系数为2.1，叶宽约2.5cm，花为中花期。花浅玫瑰粉色，花喉绿色，带有深玫瑰粉色不规则眼斑，花型外卷不规整，花径12cm，花瓣宽4cm，花萼宽2.5cm，花瓣为椭圆形，顶端尖且扭曲外翻，边缘有褶皱，花纹明显，中肋颜色浅。花莛高为45cm，单芽平均花莛0.4支，单花莛花量平均11朵。

‘彩虹糖’萱草

H.'Rainbow Candy'

四倍体植株。成年植株高约45cm，冠幅约65cm，繁殖系数为2.4，叶子绿色，为规则的扇形排列，叶宽约3.5cm，花为中早花期，香味浓。花奶油粉色，花喉绿色，带有紫红色眼斑，花瓣下部有紫色镶边，上部有细的黄色镶边，花型开张呈三角形，花径12cm，花瓣宽5cm，花萼宽2.8cm，花瓣椭圆形，边缘褶皱，花纹明显，中肋颜色稍浅。花莛高80cm，单芽平均花莛0.9支，单花莛花量平均14.2朵。

‘柯林斯粉’萱草

H.'Corinthian Pink'

四倍体植株。成年植株高约50cm，冠幅约80cm，繁殖系数为1.8，叶子黄绿相间，为规则的扇形排列，叶宽约4cm，花为中花期。花粉色，花喉绿色，带有玫瑰红色眼斑，花瓣有细的黄色镶边，花型开张平展，花径17cm，花瓣宽8.2cm，花萼宽5.5cm，花瓣椭圆形，顶端尖稍扭曲，边缘褶皱，花纹和中肋明显，花瓣质地肥厚。花莛高75cm，单芽平均花莛1支，单花莛花量平均32朵。

‘树莓糖’萱草

H.'Raspberry Candy'

四倍体植株。成年植株高约55cm，冠幅约75cm，繁殖系数为2.2，叶子绿色，为规则扇形排列，叶宽3.3cm，花为中花期。花奶油粉色，花喉绿色，带有紫红色三角形眼斑，花瓣有淡黄色镶边，花型平展开张，花径13cm，花瓣宽5cm，花萼宽3.5cm，花瓣椭圆形，边缘有较小的褶皱，中肋明显，花瓣质地肥厚。花莛高76cm，单芽平均花莛1支，单花莛花量平均29朵。

‘罗克斯粉’萱草

H.'Rox'

四倍体植株。成年植株高约58cm，冠幅约60cm，繁殖系数为2.1，叶子绿色，为规则扇形排列，叶宽3.5cm，花为中花期。二次花品种。花砖粉色，花喉橄榄绿色，带有紫红色眼斑，花瓣有金黄色镶边褶皱，花型开张平展但不规整，花径18cm，花瓣宽8cm，花萼宽5.8cm，花瓣椭圆形，边缘褶皱明显，花纹和中肋明显，花瓣质地肥厚。花莛高86cm，单芽平均花莛1.1支，单花莛花量平均12朵。

‘粉色回忆’萱草

H.'Playback'

四倍体植株。成年植株高约55cm，冠幅约55cm，繁殖系数2.3，叶子绿色，为规则扇形排列，叶宽3.3cm。花奶油粉色，花喉绿色，带有玫瑰红色渐变的眼斑，花瓣有黄色镶边，花型开张呈三角形，花径12.5cm，花瓣宽5.7cm，花萼宽4cm，花瓣椭圆形，顶端尖，边缘褶皱，花纹和中肋明显。花莛高60cm，单芽平均花莛1支，单花莛花量平均18朵。

‘亮粉杰尼’萱草

H.'Janet Benz'

四倍体植株。成年植株高约60cm，冠幅约68cm，繁殖系数为1.7，叶子绿色，为规则扇形排列，叶宽4.4cm，花为中花期，二次花品种，香味浓。花粉红色，花喉绿色，带有不明显的紫红色眼斑，花瓣有金黄色镶边，花型外卷，花型规整，花径15cm，花瓣宽7.5cm，花萼宽4.8cm，花瓣近圆形，边缘褶皱，花纹明显，花瓣质地肥厚。花莛高70cm，单芽平均花莛1.3支，单花莛花量平均13.4朵。

‘镶金’萱草

H.'Stitched in Gold'

四倍体植株。成年植株高约65cm，冠幅约80cm，繁殖系数为2.2，叶子绿色，为规则扇形排列，叶宽3cm，花为中晚花期。花浅粉色，花喉绿色，隐约带有紫色眼斑，花瓣有宽的金黄色镶边，花型平展开张呈三角形，花型规整，花径14cm，花瓣宽6cm，花萼宽3.8cm，花瓣椭圆形，边缘褶皱密集，中肋明显，颜色稍浅，花瓣质地肥厚。花莛高70cm，单芽平均花莛1支，单花莛花量平均17.6朵。

‘野马’萱草

H.'Wild Mustang'

四倍体植株。成年植株高约43cm，冠幅约65cm，繁殖系数为2.4，叶子绿色，为规则扇形排列，叶宽3cm。花砖粉色，花喉黄绿色，带有红色眼斑，花瓣有不规则黄色镶边，花型平展开张近圆形，花径14cm，花瓣宽6cm，花萼宽4cm，花瓣椭圆形，边缘褶皱密集，花纹和中肋明显，花瓣质地肥厚。花莛高60cm，单芽平均花莛0.8支，单花莛花量平均21朵。

‘奇异糖果’萱草

H.'Exotic Candy'

四倍体植株。成年植株高约60cm，冠幅约50cm，繁殖系数为2.3，叶子绿色，规则扇形排列，叶宽2.1cm，花为中花期。花砖粉色，花喉绿色，带有玫瑰红色眼斑，花型平展开张近圆形，花径12cm，花瓣宽5cm，花萼宽3cm，花瓣近椭圆形，向外翻卷，边缘褶皱，花纹和中肋明显。花莛高70cm，单芽平均花莛1支，单花莛花量平均13.2朵。

‘梅子糖果’萱草

H.'Wineberry Candy'

四倍体植株。成年植株高约55cm，冠幅约70cm，繁殖系数为2.8，叶子绿色，为不规则扇形排列，叶宽2.5cm，花为中花期。花砖粉色，花喉绿色，带有紫红色眼斑，花瓣有细的黄色镶边，花型开张平展呈三角形，花径13cm，花瓣宽5cm，花萼宽3.5cm，花瓣椭圆形，稍向外翻卷，边缘褶皱，花纹明显，中肋颜色稍浅，花瓣质地肥厚。花莛高63cm，单芽平均花莛0.8支，单花莛花量平均15.4朵。

‘粉之吻’萱草

H.'Fuchsia Kiss'

四倍体植株。成年植株高约44cm，冠幅约78cm，繁殖系数为1.8，叶子绿色，为规则扇形排列，叶宽2.9cm，花为中花期，二次花品种。花紫粉色，花喉绿色，带有玫瑰紫色眼斑，花瓣有玫瑰紫色镶边，花开张度小，呈喇叭形，花径13cm，花瓣宽6cm，花萼宽3cm，花瓣椭圆形，顶端尖，边缘有密集的褶皱，花纹和中肋较明显，花瓣质地肥厚。花莛高60cm，单芽平均1.3支，单花莛花量平均20朵。

‘神秘彩虹’萱草

H.'Mystical Rainbow'

四倍体植株。成年植株高约60cm，冠幅约65cm，繁殖系数为2.4，叶子绿色，为规则扇形排列，叶宽3.8cm，花为中花期。花粉色，花喉绿色，带有渐变紫色和黄色眼斑，花型外卷，花径15.5cm，花瓣宽5.5cm，花萼宽4.3cm，花瓣椭圆形，边缘褶皱整齐密集，花纹明显，中肋颜色稍浅，花瓣质地肥厚。花莛高80cm，单芽平均花莛0.8支，单花莛花量平均22.6朵。

‘雄鹰’萱草

H.'All American Eagle'

四倍体植株。成年植株高约50cm，冠幅约60cm，繁殖系数2.2，叶子绿色，规则扇形排列，叶宽2.8cm，花为中花期。花砖粉色，花喉绿色，带有紫红色眼斑，花型平展开张，呈三角形，花径11cm，花瓣宽4.3cm，花萼宽3cm，花瓣长椭圆形，花瓣上部沿中肋扭曲，边缘不规则褶皱，花纹明显，中肋颜色稍浅。花莛高60cm，花总量21枝，单芽平均花莛0.8支，单花莛花量平均8朵。

‘火眼金睛’萱草

H.'Flamboyant Eyes'

二倍体植株。成年植株高约53cm，冠幅约80cm，繁殖系数为2.3，叶子绿色，为规则扇形排列，叶宽2cm，花为中花期。花肉粉色，花喉绿色，带有大面积的红色眼斑，花型开张不规整，花径13cm，花瓣宽5.5cm，花萼宽3.5cm，花瓣椭圆形，顶端扭曲，边缘褶皱大且密集，花纹明显，中肋颜色稍浅。花莛高70cm，单芽平均花莛0.8支，单花莛花量平均12.5朵。

‘吉尔克夫堇圈’萱草

H.'Siloam David Kirchhoff'

二倍体植株。成年植株高约45cm，冠幅约60cm，繁殖系数为3.4，叶子绿色，为规则扇形排列，叶宽2cm，花为中晚花期。花粉色，花喉绿色，带有红色渐变的水印状眼斑，花型外卷，花径10cm，花瓣宽5cm，花萼宽3cm，花瓣近圆形，边缘稍褶皱，花纹非常明显。花莛高40cm，单芽平均花莛0.7支，单花莛花量平均11朵。

‘红粉石’萱草

H.'Rock Solid'

四倍体植株。成年植株高约45cm，冠幅约60cm，繁殖系数为2.1，叶子绿色，为规则扇形排列，叶宽2cm，花为中花期，二次花品种。花砖粉色，花喉黄绿色，带有大面积的紫色眼斑，花瓣有紫色镶边，花型外卷呈圆形，花径12cm，花瓣宽5.3cm，花萼宽4cm，花瓣近圆形，边缘褶皱密集整齐，花纹和中肋明显，花瓣质地肥厚。花莛高75cm，单芽平均花莛1.4支，单花莛花量平均10朵。

‘日出’萱草

H.'Allegheny Sunset'

四倍体植株。成年植株高约50cm，冠幅约60cm，繁殖系数为2，叶子绿色，为规则扇形排列，叶宽3cm，花为中晚花期。花粉色，花喉绿色，带有不明显的稍深色的眼斑，花型外卷，花径13cm，花瓣宽5.8cm，花萼宽3.7cm，花瓣椭圆形，向外翻卷，边缘褶皱大且密集，花纹和中肋非常明显。花莛高60cm，单芽平均花莛0.7支，单花莛花量平均12.5朵。

‘水晶玫瑰’萱草

H.'Avon Crystal Rose'

四倍体植株。成年植株高约50cm，冠幅约70cm，繁殖系数为2.2，叶子绿色，为规则扇形排列，叶宽3.5cm。花洋红色，有浅色的水印状眼斑，花型平展开张，花型较规整，花径15cm，花瓣宽5cm，花萼宽3cm，花瓣近椭圆形，边缘褶皱，中肋突出，奶油白色，花纹明显。花莛高70cm，单芽平均花莛1.7支，单花莛花量平均14.5朵。

‘粉色芭蕾’萱草

H.'Chicago Picotee Ballet'

四倍体植株。成年植株高约50cm，冠幅约60cm，繁殖系数为1.8，叶子绿色，为规则扇形排列，叶宽3.4cm，花为中早花期。花奶油粉色，花喉绿色，带有玫瑰红色眼斑，花瓣下部有玫瑰红色镶边，上部有浅黄色镶边，花型开张平展，花径16cm，花瓣宽5.6cm，花萼宽2.8cm，花瓣长椭圆形，顶端扭曲，边缘稍褶皱，中肋突出。花莛高70cm，单芽平均花莛0.8支，单花莛花量平均15.2朵。

‘粉蓬草’萱草

H.'Chicago Picotee Elite'

成年植株高约50cm，冠幅约55cm，繁殖系数为2.8，叶子绿色，为不规则扇形排列，叶宽2.8cm，花为中花期。花肉粉色，花喉黄绿色，带有紫红色眼斑，花瓣下部有紫红色镶边，上部有黄色镶边，花型平展开张，花径15cm，花瓣宽4.6cm，花萼宽2.4cm，花瓣长椭圆形，顶端扭曲，边缘有密集的褶皱，中肋明显，颜色浅。花莛高60cm，单芽平均花莛0.9支，单花莛花量平均19.2朵。

‘粉色骄傲’萱草

H.'Chicago Picotee Pride'

四倍体植株。成年植株高约60cm，冠幅约65cm，繁殖系数为1.8，叶子绿色，为不规则扇形排列，叶宽4cm，花为中早花期，二次花品种。花奶油粉色，花喉绿色，带有紫色眼斑，花瓣下部有紫色镶边，上部有黄色镶边，花型平展开张，花径14cm，花瓣宽5cm，花萼宽3.4cm，花瓣长椭圆形，边缘稍褶皱，中肋明显。花莛高85cm，单芽平均花莛1.1支，单花莛花量平均15朵。

‘卷边紫’萱草

H.'Edge Ahead'

四倍体植株。成年植株高约25cm，冠幅55cm，繁殖系数为2.8，叶子扇形排列整齐，叶宽2.2cm，花为中花期。花紫粉色，花喉绿色，带有紫色眼斑，花瓣有紫色镶边，花型开张外卷呈三角形，花径14cm，花瓣宽4.6cm，花萼宽3.5cm，花瓣长椭圆形，顶端稍尖扭曲并沿中肋向外翻卷，边缘褶皱，花纹明显，中肋颜色稍浅。花莛高60cm，单芽平均花莛1支，单花莛花量平均8朵。

‘越橘糖’萱草

H.'Huckleberry Candy'

四倍体植株。成年植株高约65cm，冠幅约70cm，繁殖系数为2.2，叶子绿色，为规则扇形排列，叶宽3.9cm，花为中花期，二次花品种。花奶油粉色，花喉绿色，带有细的蓝紫色眼斑，花型平展开张近圆形，花径14cm，花瓣宽5.8cm，花萼宽3.7cm，花瓣椭圆形，边缘褶皱整齐密集，花纹明显，中肋颜色稍浅。花莛高65cm，单芽平均花莛1.4支，单花莛花量平均27.6朵，花量非常大，花期长，观赏性强。

‘粉蝴蝶’萱草

H.'Mokan Butterfly'

四倍体植株。成年植株高约45cm，冠幅约60cm，繁殖系数为2.3，叶子绿色，为不规则扇形排列，叶宽2.8cm，花为中花期。花浅粉色，花喉黄绿色，带有蓝紫色眼斑，花型开张平展，花径15cm，花瓣宽4.9cm，花萼宽3cm，花瓣长椭圆形，顶部稍尖，沿中肋向外翻卷，中肋突出明显。花莛高60cm，单芽平均花莛1支，单花莛花量平均17.8朵。

‘月光舞会’萱草

H.'Moonlit Masquerade'

四倍体植株。成年植株高约53cm，冠幅约64cm，繁殖系数为2.7，叶子绿色，为规则扇形排列，叶宽2.8cm，花为中早花期。花奶油粉色，花喉绿色，带有宽的深紫色眼斑，花瓣中下部有深紫色镶边，花型开张稍外卷，花径13cm，花瓣宽4.5cm，花萼宽2.6cm，花瓣椭圆形，顶端扭曲，边缘褶皱，中肋明显。花莛高76cm，单芽平均花莛1支，单花莛花量平均9.4朵。

‘草莓糖’萱草

H.'Strawberry Candy'

四倍体植株。成年植株高约50cm，冠幅约70cm，繁殖系数为4.1，叶子绿色，为规则扇形排列，叶宽2.5cm，花为中花期。花粉红色，花喉黄绿色，带有玫瑰红色眼斑，花瓣有玫瑰红色镶边，花型外卷呈圆形，花径11cm，花瓣宽5cm，花萼宽3.5cm，花瓣椭圆形向外翻卷，边缘褶皱整齐，花纹和中肋明显，中肋颜色稍浅。花莛高60cm，单芽平均花莛0.9支，单花莛花量平均12.5朵。

‘玛豪尼’萱草

H.'Dan Mahony'

四倍体植株。成年植株高约60cm，冠幅约70cm，繁殖系数为2.6，叶子绿色，为规则扇形排列，叶宽3cm，花为中花期。花砖粉色，花喉绿色，带有红色眼斑，花瓣下部有红色镶边，上部有黄色镶边，花型平展呈三角形，花型规整，花径14cm，花瓣宽5cm，花萼宽3cm，花瓣椭圆形，边缘褶皱，花纹和中肋明显，中肋颜色稍浅，花瓣质地肥厚。花莛高75cm，单芽平均花莛0.9支，单花莛花量平均12.4朵。

‘诡计’萱草

H.'Daring Deception'

四倍体植株。成年植株高约50cm，冠幅约75cm，繁殖系数为2.6，叶子绿色，为不规则扇形排列，叶宽4.1cm，花为中花期，二次花品种。花紫粉色，花喉绿色，带有宽的深紫色眼斑，花瓣有深紫色镶边，花型外卷呈三角形，花型规整，花径13.5cm，花瓣宽5cm，花萼宽3.3cm，花瓣近椭圆形，边缘褶皱密集整齐，花纹和中肋明显。花莛高70cm，单芽平均花莛1.1支，单花莛花量平均12.4朵。

‘贾尼斯’萱草

H.'Janice Brown'

二倍体植株。成年植株高约60cm，冠幅约70cm，繁殖系数为2.2，叶子绿色，为不规则扇形排列，叶宽3.4cm，花为中花期，二次花品种。花亮粉色，花喉绿色，带有玫瑰粉色眼斑，花型外卷近圆形，花径11cm，花瓣宽4.3cm，花萼宽3.2cm，花瓣近椭圆形，向外翻卷，边缘褶皱，花纹和中肋非常明显。花莛高70cm，单芽平均花莛1.1支，单花莛花量平均19.6朵。

‘光年之遥’萱草

H.'Light Years Away'

四倍体植株。成年植株高约35cm，冠幅约100cm，繁殖系数为2.7，叶子绿色，为规则扇形排列，叶宽2cm，花为中花期。花紫粉色，花喉绿色，花瓣边缘带有明黄色的宽镶边，花型平展呈三角形，花径15cm，花瓣宽7cm，花萼宽3cm，花瓣椭圆形，花瓣边缘褶皱大，中肋近白色，花瓣质地肥厚。花莛高40cm，单芽平均花莛0.8支，单花莛花量平均27朵。

‘大合唱’萱草

H.'Druid's Chant'

四倍体植株。成年植株高约50cm，冠幅约60cm，叶为不规则扇形排列，叶缘稍扭曲，花为中早花期，二次花品种。花紫粉色，花喉黄绿色，带有紫红色眼斑及宽的紫红色镶边，花外翻近三角形，花径15cm，花瓣宽7cm，花萼宽4cm，花瓣近椭圆形，边缘褶皱，花纹粉红色，中肋颜色浅，质地肥厚。花莛高60cm，单花莛花量22朵。

‘李子美’萱草

H.'Just Plum Happy'

四倍体植株。成年植株高约40cm，冠幅约50cm，花为中花期。花紫粉色，花喉黄色，带有紫红色眼斑，花瓣边缘有细黄色镶边，花外卷呈圆形，花径12cm，花瓣宽5.4cm，花萼宽3.2cm，花瓣椭圆形，边缘褶皱，花瓣质地肥厚，中肋突出，颜色稍浅。花莛高55cm，单花莛花量11朵。

‘婴儿’萱草

H.'All American Baby'

二倍体植株。成年植株高约40cm，冠幅约55cm，繁殖系数为2，叶宽约2.5cm，花为中花期。花奶油粉色，花喉绿色，带有紫色渐变浅的水印状眼斑，花型平展开张呈圆形，花径9cm，花瓣宽3cm，花萼宽1.5cm，花瓣近圆形，顶端稍尖扭曲，边缘褶皱较大，花纹明显，中肋颜色稍浅。莛高为45cm，单芽平均花莛0.9支，单花莛花量平均12朵。

‘蓝莓糖’萱草

H.'Blueberry Candy'

四倍体植株。成年植株高约25cm，冠幅约45cm，繁殖系数为1.2，叶宽约2cm，花为中花期。花奶油粉色，花喉绿色，带有三角形紫红渐变浅色的眼斑，花型平展开张，花径11.5cm，花瓣宽4cm，花萼宽2cm，花瓣为椭圆形，顶端尖且扭曲，边缘褶皱，花纹和中肋明显。花莛高为30cm，单芽平均花莛0.8支，单花莛花量平均13朵。

‘巡逻’萱草

H.'Canadian Border Patrol'

四倍体植株。成年植株高约60cm，冠幅约58cm，繁殖系数为1.6，叶宽约3.8cm，花为中早花期。花奶油粉色，花喉黄绿色，带有紫红色眼斑，花瓣下部有紫红色镶边，上部有黄色镶边，花型外卷近圆形，花径15cm，花瓣宽5cm，花萼宽2cm，花瓣为椭圆形，顶端稍扭曲，边缘褶皱整齐，花纹明显，中肋颜色稍浅。花莛高为80cm，单芽平均花莛0.8支，单花莛花量平均11.8朵。

‘紫色糖’萱草

H.'Orchid Candy'

四倍体植株。成年植株高约45cm，冠幅约70cm，繁殖系数为1.8，叶宽约1.5cm，花为中花期。花紫粉色，花喉绿色，带有紫色眼斑，花瓣有紫色镶边，花型外卷，花径14cm，花瓣宽5cm，花萼宽2cm，花瓣为椭圆形，顶端扭曲，边缘褶皱，花纹和中肋明显，中肋颜色稍浅。花莛高为60cm，单芽平均花莛0.7支，单花莛花量平均12.5朵。

‘魔盒’萱草

H.'Pandora's Box'

二倍体植株。成年植株高约35cm，冠幅约60cm，繁殖系数为2.1，叶宽约1.5cm，花为中花期。花淡粉色，花喉绿色，带有深紫色眼斑，花型外卷，花径9cm，花瓣宽3cm，花萼宽2.5cm，花瓣近圆形，边缘褶皱大，花纹和中肋明显。花莛高为40cm，单芽平均花莛0.5支，单花莛花量平均12朵。

‘湿尼’萱草

H.'Siloam Ury Winniford'

成年植株高约30cm，冠幅约40cm，繁殖系数为1.9，花为中早花期。花奶油粉色，花喉绿色，带有深紫色眼斑，花型平展开张，花径8cm，花瓣宽3cm，花萼宽2.1cm，花瓣椭圆形，边缘褶皱，花纹和中肋非常明显。花莛高为40cm，单芽平均花莛0.5支，单花莛花量平均11朵。

‘五月大厦’萱草

H.'May Hall'

二倍体植株。成年植株高约40cm，冠幅约70cm，繁殖系数为1.6，叶宽约2cm，花为中花期。花橘粉色，花喉黄绿色，带有细的红色眼斑，花型平展开张，花径12cm，花瓣宽3cm，花萼宽2.5cm，花瓣为尖椭圆形，顶端扭曲，边缘褶皱，花纹明显，中肋突出。花莛高为50cm，单芽平均花莛1.3支，单花莛花量平均15朵。

红色

‘仙人掌花’萱草

H.'Cactus Blossom'

四倍体植株。成年植株高约70cm，冠幅约70cm，植株生长健壮，叶规则扇形排列，直立，花为晚花期。花玫红色，花喉橘黄色，带有深玫红色眼斑，花瓣有细的黄色齿状镶边，花外翻呈三角形，花径15cm，花瓣宽5.5cm，花萼宽3.3cm，花瓣长椭圆形，花纹深玫红色，中肋颜色稍浅。花莛高90cm，单花莛花量为18朵。

‘危险信号’萱草

H.'Dangerous Expectations'

四倍体植株。成年植株高约45cm，冠幅约60cm，叶规则扇形排列，较宽，边缘稍有波浪状褶皱，花为中花期。花砖红色，花喉橘黄色，花瓣有黄色齿状镶边，花外卷呈三角形，花径18cm，花瓣宽7cm，花萼宽4.5cm，花瓣长椭圆形，花纹深色，中肋橘黄色。花莛高90cm，单花莛花量为11朵。

‘拉切尔夫人’萱草

H.'Miss Rachel'

四倍体植株。成年植株高约30cm，冠幅约60cm，叶规则扇形排列，花莛低于叶面，花为中早花期。花橘粉色，花喉黄绿色，带有紫红色眼斑，花型外卷近三角形，花径15cm，花瓣宽5.2cm，花萼宽3.4cm，花瓣边缘褶皱密集整齐，边缘有不明显的橘黄色镶边，花纹明显。花莛高30cm，单花莛花量8朵。

‘海豹’萱草

H.'Sea Panther'

四倍体植株。成年植株高约25cm，冠幅约30cm，叶细长，规则扇形排列，花为中早花期，二次花品种。花为砖红色，花喉绿色，带有黑红色绒质的眼斑，花瓣外卷，花呈三角形，花径11cm，花瓣宽4.5cm，花萼宽2.5cm，花瓣椭圆形，边缘褶皱密集并带有不明显的黑红色镶边，花纹明显。花莛高30cm，单花莛花量5朵。

‘牙医’萱草

H.'The Orthodontist'

四倍体植株。成年植株高约40cm，冠幅约60cm，叶较细，不规则扇形排列，花为中花期。花为双复色，花瓣玫瑰红色，花萼颜色稍浅，花喉绿色，花瓣外卷，花近圆形，花径18cm，花瓣宽7cm，花萼宽4cm，花瓣椭圆形，边缘带有较宽的齿状黄色镶边，花纹明显，中肋近白色。花莛高70cm，单花莛花量13朵。

‘披羊皮的狼’萱草

H.'Wolf in Sheep's Clothing'

四倍体植株。成年植株高约30cm，冠幅约50cm，花为晚花期。花紫红色，花喉绿色，带有不明显的细的白褐色眼斑，花外卷呈三角形，花径15.5cm，花瓣宽6cm，花萼宽3.4cm，花瓣椭圆形，带有黄色齿状镶边，花纹和中肋明显，中肋近白色。花莛高40cm，单花莛花量8朵。

黄色和橘色

‘走好运’萱草

H.'Bonanza'

二倍体植株。成年植株高约50cm，冠幅约80cm，繁殖系数为2.6，叶宽约3cm，叶黄绿色，花为中花期。花黄色，花喉黄绿色，带有三角形的深红色眼斑，花型开张呈星型，花径13cm，花瓣宽2.3cm，花萼宽2cm，花瓣长椭圆形，顶端扭曲，边缘稍褶皱，中肋突出。花莛高为90cm，单芽平均花莛0.7支，单花莛花量平均14朵。

‘节日愉快’萱草

H.'Holiday Delight'

四倍体植株。成年植株高约55cm，冠幅约60cm，繁殖系数为1.4，叶宽约2cm，花为中花期。花橘红色，花喉黄绿色，带有深红色眼斑，花型外卷，花径15cm，花瓣宽5cm，花萼宽2.5cm，花瓣为椭圆形，向外翻卷，顶端扭曲，边缘稍褶皱，花纹明显。花莛高为60cm，单芽平均花莛0.8支，单花莛花量平均10朵。

‘小石城’萱草

H.'Rocket City'

四倍体植株。成年植株高约45cm，冠幅约75cm，繁殖系数为2.6，叶宽约3.5cm，花为中花期。花橘黄色，花喉同色，带有橘红色眼斑，花型外卷呈三角形，花径13cm，花瓣宽5cm，花萼宽3cm，花瓣为长椭圆形，向外翻卷，顶端扭曲，边缘有整齐的褶皱，花纹明显，中肋突出，颜色稍浅。花莛高为85cm，单芽平均花莛0.7支，单花莛花量平均22朵。

‘双色惊艳’萱草

H.'Fooled Me'

四倍体植株。成年植株高约60cm，冠幅约75cm，繁殖系数为2.6，叶子绿色，为规则扇形排列，叶宽约3.4cm，花为中花期。花金黄色，花喉黄绿色，带有红色眼斑，花瓣中下部有红色镶边，花型平展开张近圆形，花型规整，花径11.5cm，花瓣宽5.7cm，花萼宽3.4cm，花瓣近圆形，边缘褶皱，花纹和中肋明显。花莛高80cm，单芽平均花莛1支，单花莛花量15.4朵。

‘双色杰克’萱草

H.'Monterrey Jack'

四倍体植株。成年植株高约60cm，冠幅约70cm，繁殖系数为2.1，叶子绿色，为规则扇形排列，叶宽4.1cm，花为中花期。花奶油黄色，花喉绿色，带有酒红色眼斑，花瓣中下部有酒红色镶边，花型稍外卷呈三角形，花径16cm，花瓣宽7cm，花萼宽5.1cm，花瓣近椭圆形，边缘褶皱，中肋明显，颜色稍浅。花莛高65cm，总单芽平均花莛1支，单花莛花量平均35.6朵，花量大。

‘蛋奶糖’萱草

H.'Custard Candy'

四倍体植株。成年植株高约55cm，冠幅约70cm，繁殖系数为2.6，叶子绿色，为不规则扇形排列，叶宽3.2cm，花为中花期。花奶油黄色，花喉绿色，带有紫红色眼斑，花瓣有浅黄色镶边，花型外卷近圆形，花径13cm，花瓣宽5.2cm，花萼宽3.9cm，花瓣椭圆形，边缘有细微的褶皱，花纹明显，中肋颜色稍浅。花莛高75cm，单芽平均花莛0.9支，单花莛花量平均20朵。

‘樱桃糖’萱草

H.'Cherry Candy'

二倍体植株。成年植株高约60cm，冠幅约90cm，繁殖系数为2.2，叶子绿色，为规则扇形排列，叶宽3cm，花为中花期，二次花品种。花浅橘黄色，花喉绿色，带有樱桃红色眼斑，花瓣下部有红色镶边，花型平展开张，花型规整，花径11.5cm，花瓣宽5cm，花萼宽3.6cm，花瓣椭圆形，稍向外翻卷，边缘褶皱，中肋突出明显，花瓣质地肥厚。花莛高80cm，单芽平均花莛1.2支，单花莛花量平均15朵。

‘史密斯黄’萱草

H.'Ethel Barfield Smith'

二倍体植株。成年植株高约50cm，冠幅约90cm，繁殖系数为1.8，叶子绿色，为规则扇形排列，叶宽1.6cm。花黄色，花喉绿色，带有浅玫瑰红色眼斑，花型开张呈三角形，花型规整，花径14cm，花瓣宽6.5cm，花萼宽5cm，花瓣椭圆形，顶端尖，边缘褶皱较大，花纹和中肋明显。花莛高77cm，单芽平均花莛1支，单花莛花量平均12.4朵。

‘媚眼’萱草

H.'Magnificent Eyes'

二倍体植株。成年植株高约45cm，冠幅约45cm，繁殖系数为3，叶子绿色，为规则扇形排列，叶宽2.5cm。花黄色，花喉绿色，带有三角形的紫红色眼斑，花型外卷呈三角形，花径12cm，花瓣宽5.5cm，花萼宽3cm，花瓣长椭圆形，顶端尖并扭曲，边缘稍褶皱，花纹明显，中肋颜色稍浅。花莛高60cm，单芽平均花莛1支，单花莛花量平均12朵。

‘愤怒之颜’萱草

H.'Outrageous'

四倍体植株。成年植株高约55cm，冠幅约75cm，繁殖系数为2.5，叶子绿色，为规则扇形排列，叶宽2.5cm。花橘红色，花喉黄绿色，带有宽的桃红色眼斑，花型外卷，花径14cm，花瓣宽5cm，花萼宽2.8cm，花瓣长椭圆形，顶端尖并稍扭曲，边缘稍褶皱，花纹和中肋明显。花莛高75cm，单芽平均花莛1支，单花莛花量平均17朵。

‘斑点黄’萱草

H.'Putney Spotted Fever'

二倍体植株。成年植株高约70cm，冠幅约100cm，繁殖系数为3.1，叶子绿色，为规则扇形排列，叶宽3cm，花为中花期。花黄色，花喉黄绿色，带有红色眼斑，花瓣上密布红色的斑点，花型开张呈星型，花径11cm，花瓣宽4.5cm，花萼宽2cm，花瓣长椭圆形，顶端稍扭曲，边缘稍褶皱，花纹明显，中肋突出。花莛高95cm，单芽平均花莛0.8支，单花莛花量平均11.4朵。

‘黑莓糖’萱草

H.'Blackberry Candy'

四倍体植株。成年植株高约60cm，冠幅约80cm，繁殖系数为2.7，叶子绿色，为规则扇形排列，叶宽2.5cm，花为中晚花期，二次花品种。花金黄色，花喉黄绿色，带有深红色眼斑，花型外卷呈圆形，有多瓣花出现，花径13cm，花瓣宽5cm，花萼宽3cm，花瓣近圆形，边缘褶皱，花纹和中肋明显。花莛高70cm，单芽平均花莛1.7支，单花莛花量平均16.5朵。

‘露梅糖’萱草

H.'Dewberry Candy'

四倍体植株。成年植株高约40cm，冠幅约50cm，繁殖系数为1.9，叶子绿色，为较规则扇形排列，叶宽2.5cm，花为中花期，香味浓。花肉粉色，花喉绿色，带有紫红色眼斑，花瓣下部有紫红色镶边，上部有黄色镶边，花型平展开张，呈三角形，花型规整，花径13cm，花瓣宽4.5cm，花萼宽3cm，花瓣椭圆形，边缘稍褶皱，中肋颜色稍浅。花莛高55cm，单芽平均花莛1.1支，单花莛花量平均12.4朵。

‘橘红画笔’萱草

H.'Indian Paintbrush'

四倍体植株。成年植株高约40cm，冠幅约90cm，繁殖系数为1.5，叶子绿色，为规则扇形排列，叶宽3cm。花橘红色，花喉黄绿色，带有洋红色眼斑，花呈三角形，花型规整，花径13cm，花瓣宽5.2cm，花萼宽2.8cm，花瓣长椭圆形，顶部稍尖，花瓣中上部沿中肋向外翻，边缘褶皱，花纹明显，中肋黄色，花纹明显。花莛高70cm，单芽平均花莛0.7支，单花莛花量平均25朵。

‘诺顿红眼’萱草

H.'Norton Red Eye'

成年植株高约45cm，冠幅约70cm，繁殖系数为1.8，叶子为不规则的扇形排列，叶宽约2cm。花明黄色，花喉绿色，带有不规则的宽的红色眼斑，非常醒目，花型外卷，花径15cm，花瓣宽4.8cm，花萼宽2.4cm，花瓣椭圆形，顶端外翻扭曲，边缘褶皱较大，花纹和中肋明显。花莛高50cm，单芽平均花莛1.5支，单花莛花量平均14.6朵。

‘虎眼金晴’萱草

H.'Tiger Eye Hager'

四倍体植株。成年植株高约70cm，冠幅约110cm，繁殖系数为2.1，叶子绿色，为规则扇形排列，叶宽2.5cm。花橘红色，花萼颜色稍浅，花喉绿色，带有三角形的深红色眼斑，花型开张外卷不规整，花径18cm，花瓣宽5cm，花萼宽3.5cm，花瓣长椭圆形，上部反转扭曲，边缘有整齐的褶皱，花纹明显，中肋突出，颜色稍浅。花莛高95cm，单芽平均花莛1支，单花莛花量17朵。

‘美丽绽放’萱草

H.'Awesome Blossom'

四倍体植株。成年植株高约40cm，冠幅约55cm，繁殖系数为2.1，叶子绿色，为规则扇形排列，叶宽3.7cm，花为中早花期。花橘色，花喉绿色，带有黑红色眼斑，花瓣有宽的黑红色镶边，花型外卷呈圆形，花径12cm，花瓣宽5.7cm，花萼宽3.5cm，花瓣近圆形，边缘褶皱大且整齐，中肋明显，花瓣质地肥厚。花莛高45cm，单芽平均花莛1.1支，单花莛花量平均16朵。

‘暴徒’萱草

H.'El Desperado'

四倍体植株。成年植株高约70cm，冠幅约70cm，繁殖系数为3.1，叶子绿色，为规则扇形排列，叶宽3cm，花为中花期。花明黄色，花喉绿色，带有黑紫色眼斑，花瓣中下部有黑紫色镶边，花型外卷规整，花径12.5cm，花瓣宽4cm，花萼宽3cm，花瓣椭圆形，向外翻卷，边缘褶皱，花纹和中肋明显。花莛高90cm，单芽平均花莛1.2支，单花莛花量平均24朵。

‘咬痕’萱草

H.'After the Bite'

四倍体植株。成年植株高约60cm，冠幅约60cm，叶子较宽，规则排列，叶顶端扭曲，花为中花期。花橘红色，花喉黄绿色，带有红色眼斑，花外卷呈三角形，花径17.5cm，花瓣宽5cm，萼片宽3.5cm，花瓣长椭圆形，边缘褶皱并带有细的齿状镶边。花莛高60cm，单花莛花量10朵。

‘欲望’萱草

H.'Blue Desire'

四倍体植株。成年植株高约40cm，冠幅约40cm，叶规则排列，叶尖端扭曲，花为早花期，二次花品种。花肉黄色，花喉绿色，带有紫红、蓝紫渐变色眼斑，花瓣下部有紫色镶边，上部有细黄色镶边，花外卷近圆形，花径11.5cm，花瓣宽4.5cm，花萼宽2.5cm，花瓣近圆形，边缘褶皱，花纹明显。花莛高40cm，单花莛花量为7朵。

‘细语绵绵’萱草

H.'Buzz Saw'

四倍体植株。成年植株高约50cm，冠幅约50cm，植株低矮紧凑，叶子不规则排列，较细，直立，花为中花期，二次花品种。花奶油粉色，花喉绿色，带有深黄色较宽的齿状镶边，花平盘状，花径16.5cm，花瓣宽6.3cm，花萼宽3.2cm，花瓣椭圆形，肥厚，花纹明显，中肋近白色。花莛高50cm，单花莛花量为9朵。

‘激烈冲击’萱草

H.'Heavenly Shockwave'

四倍体植株。成年植株高约25cm，冠幅约50cm，叶细长，花为中早花期。花黄色，花喉黄色，带有紫、红和浅色混色的眼斑，花型平盘状，花径13.5cm，花瓣宽4.5cm，花萼宽3cm，花瓣边缘稍褶皱，花纹明显且凹凸不平。花莛高30cm，单花莛花量5朵。

‘加速驱动’萱草

H.'Over Drive'

成年植株高约70cm，冠幅约60cm，叶较宽，边缘稍褶皱，花为中花期，二次花品种。花砖红色，花喉绿色，带有深红色眼斑和镶边，花瓣最外面还有细的黄色镶边，花瓣外卷呈三角形，花径15cm，花瓣宽6.2cm，花萼宽3.6cm，花瓣椭圆形，边缘褶皱，中肋颜色稍浅。花莛高70cm，单花莛花量28朵。

‘史前动物’萱草

H.'Prehistoric Beast'

四倍体植株。成年植株高约50cm，冠幅约50cm，叶较宽，边缘波浪状褶皱，花为中早花期。花橘红色，花萼是稍浅的双重色，花喉橘色，带有稍深色的眼斑，边缘有橘黄色的齿状镶边，花瓣外卷呈三角形，花径20cm，花瓣宽7cm，花萼宽4cm，花瓣长椭圆形，顶端稍扭曲，中肋明显。花莛高60cm，单花莛花量11朵。

‘太阳冲击波’萱草

H.'Solar Attack'

四倍体植株。成年植株高约50cm，冠幅约50cm，叶较宽，边缘波浪状褶皱，花为中花期，二次花品种。花明黄色，花喉同色，花瓣外卷呈三角形，花径16cm，花瓣宽5cm，花萼宽3.5cm，花瓣长椭圆形，带有稍深色的齿状镶边，花纹明显。花莛高65cm，单花莛花量17朵。

‘性感女神’萱草

H.'Too Sexy for You'

四倍体植株。成年植株高约50cm，冠幅约60cm，叶较宽，规则扇形排列，花为中早花期。花粉色，花喉绿色，带有较大的玫红色眼斑，花瓣边缘带有同色的镶边，花外卷呈三角形，花径19cm，花瓣宽6cm，花萼宽4.5cm，花瓣长椭圆形，边缘褶皱，中肋明显，近白色。花莛高80cm，单花莛花量18朵。

‘芭飞娃’萱草

H.'Buffy's Doll'

成年植株高约35cm，冠幅约55cm，繁殖系数为2.3，叶宽约1.5cm，花为中花期。花橘黄色，花喉黄绿色，带有猩红色眼斑，花型稍外卷，花径9cm，花瓣宽3cm，花萼宽1.5cm，花瓣为椭圆形，顶端稍尖，边缘稍褶皱，花纹明显。花莛高为40cm，单芽平均花莛0.6支，单花莛花量平均21朵。

‘大黄蜂’萱草

H.'Bumble Bee'

二倍体植株。成年植株高约30cm，冠幅约70cm，繁殖系数为1.6，叶宽约2cm，花为中花期。花橘黄色，花喉黄绿色，带有红色眼斑，花型外卷呈三角形，花径7cm，花瓣宽4cm，花萼宽2cm，花瓣椭圆形，顶端稍尖，边缘稍褶皱，花纹明显。花莛高为50cm，单芽平均花莛0.6支，单花莛花量平均7朵。

‘大拇指’萱草

H.'Siloam Tom Thumb'

二倍体植株。成年植株高约45cm，冠幅约55cm，株型整洁，繁殖系数为2.9，叶宽约2.1cm，叶为不规则扇形排列，花为中早花期。花黄色，花喉绿色，带有细的靠近喉部的红色眼斑，花型外卷呈三角形，花径7cm，花瓣宽3.1cm，花萼宽2.2cm，花瓣椭圆形，边缘有褶皱，花纹和中肋明显。花莛高为65cm，单芽平均花莛1支，单花莛花量平均19.2朵。

‘魔杖’萱草

H.'Magic Wand'

四倍体植株。成年植株高约45cm，冠幅约60cm，繁殖系数为2，叶宽约1.7cm，花为中早花期，二次花品种。花杏黄色，花喉同色，带有三角形的红色眼斑，花型开张呈星型，花径15cm，花瓣宽3cm，花萼宽2.2cm，花瓣细长，向外翻卷，顶端扭曲，边缘褶皱较大，花纹和中肋明显。花莛高为60cm，单芽平均花莛1.2支，单花莛花量平均11.3朵。

‘玛蒂伯耐特’萱草

H.'Myrtie Burnette'

成年植株高约45cm，冠幅约60cm，繁殖系数为1.4，叶宽约2.2cm，花为中早花期。花橘红色，花萼颜色稍浅，花喉黄绿色，带有深红色眼斑，花近喇叭形，花径11cm，花瓣宽3.2cm，花萼宽1.9cm，花瓣长椭圆形，边缘近无褶皱，花纹明显，中肋颜色稍浅。花莛高为55cm，单芽平均花莛0.3支，单花莛花量平均11朵。

‘北溪星’萱草

H.'Northbrook Star'

四倍体植株。成年植株高约35cm，冠幅约60cm，繁殖系数为1.2，叶宽约1.5cm，花为中花期。花黄色，花喉黄绿色，带有不明显的红色眼斑，花呈喇叭形，花径14cm，花瓣宽4cm，花萼宽2cm，花瓣长椭圆形，顶端稍扭曲翻卷，边缘稍褶皱，花纹明显，中肋突出。花莛高为60cm，单芽平均0.9朵，单花莛花量平均7朵。

‘狄克’萱草

H.'Dikieland'

成年植株高约35cm，冠幅约80cm，繁殖系数为2.1，叶宽约2.5cm，花为中早花期。花为浅橘色，花喉黄绿色，带有靠近喉部的细的红色眼斑，花呈喇叭形，花径13cm，花瓣宽3.4cm，花萼宽2.7cm，花瓣尖椭圆形，边缘近无褶皱，花纹和中肋明显。花莛高为85cm，单芽平均花莛0.7支，单花莛花量平均11.3朵。

‘卢克莱修’萱草

H.'Lucretius'

四倍体植株。成年植株高约40cm，冠幅约70cm，繁殖系数为1.2，叶宽约2cm，花为中花期。花橘红色，花喉同色，带有细的不明显的红色眼斑，花呈喇叭形，花径10cm，花瓣宽4.5cm，花萼宽2.5cm，花瓣尖椭圆形，边缘褶皱整齐。花莛高为80cm，单芽平均花莛0.9支，单花莛花量平均32朵。

‘算命先生’萱草

H.'Fortune Teller'

四倍体植株。成年植株高约35cm，冠幅约60cm，繁殖系数为1.4，叶宽约2cm，花为中花期。二次花品种。花米黄色，花喉黄绿色，带有玫瑰红色眼斑，花型平展开张，花型规整，花径13cm，花瓣宽4.5cm，花萼宽2.5cm，花瓣尖椭圆形，顶端稍扭曲，边缘褶皱整齐，花纹和中肋非常明显。花莛高为60cm，单芽平均花莛1.3支，单花莛花量平均9朵。

‘东方’萱草

H.'Orient'

二倍体植株。成年植株高约40cm，冠幅约50cm，繁殖系数为2.6，叶宽约1.2cm，花为中早花期。花橘色，花喉黄绿色，带有紫红色眼斑，花型外卷，花萼顶端扭曲，花瓣向外翻卷，花径14cm，花瓣宽4.5cm，花萼宽3cm，花瓣为长椭圆形，边缘褶皱，花纹明显，中肋颜色稍浅。花莛高为60cm，单芽平均花莛0.4支，单花莛花量平均10朵。

紫色

‘蓝光’萱草

H.'Blue Sheen'

二倍体植株。成年植株高约40cm，冠幅约50cm，繁殖系数为4.1，叶宽约1.8cm，叶不规则黄绿相间，花为中早花期。花紫色，花喉绿色且面积大，带有浅蓝紫色的水印状眼斑，花型平展开张，花径11cm，花瓣宽4cm，花萼宽2.2cm，花瓣椭圆形，边缘稍有褶皱，中肋颜色浅，花纹明显。花莛高为65cm，单芽平均花莛0.4支，单花莛花量平均7.4朵。

‘小家伙’萱草

H.'Little Fellow'

二倍体植株。成年植株高30～35cm，冠幅约50cm，繁殖系数为1.9，叶宽约1.5cm，花为中花期。花紫粉色，花喉黄色面积大，带有紫色的三角形眼斑，花型开张外卷型，花径11cm，花瓣宽3cm，花萼宽1.5cm，花瓣为尖椭圆形，向外翻卷，边缘有褶皱，花纹和中肋明显。花莛高为50cm，单芽平均花莛0.7支，单花莛花量平均11朵。

‘海马’萱草

H.'Sea Horse'

四倍体植株。成年植株高约60cm，冠幅约60cm，繁殖系数为2.4，叶子黄绿色，为不规则的扇形排列，叶宽约3.7cm，花为中早花期。花紫红色，花喉绿色，带有深紫色眼斑，花瓣有深紫色镶边，花型平展开张稍向外翻卷，花径14.5cm，花瓣宽4.8cm，花萼宽3.2cm，花瓣长椭圆形，边缘有密集的褶皱，中肋突出，花瓣质地肥厚。花莛高85cm，单芽平均花莛0.8支，单花莛花量平均16朵。

‘鲍勃的选择’萱草

H.'Bob's Choice'

成年植株高约50cm，冠幅约60cm，繁殖系数为1.7，叶子绿色，为规则扇形排列，叶宽3cm，花为中花期。花紫红色，花喉黄绿色，带有浅紫色水印状眼斑，花瓣有细的黄色镶边，花型平展开张呈三角形，花型规整，花径12.5cm，花瓣宽5.2cm，花萼宽2.8cm，花瓣长椭圆形，边缘褶皱密集，花纹和中肋较明显，质地肥厚。花莛高60cm，单芽平均花莛0.8支，单花莛花量平均18.8朵。

‘伊人结局’萱草

H.'Etruscan Tomb'

四倍体植株。成年植株高约80cm，冠幅约60cm，繁殖系数为4.4，叶子绿色，为规则扇形排列，叶宽3cm，花为中晚花期。花紫红色，带有深紫色眼斑，花喉黄绿色，花型向外翻卷，花径12cm，花瓣宽5cm，花萼宽3cm，花瓣椭圆形，顶端尖并扭曲，边缘稍褶皱带有细细的白色镶边，中肋明显，颜色稍浅。花莛高45cm，单芽平均花莛0.4支，单花莛花量平均6.4朵。

‘紫天使’萱草

H.'Angel Artistry'

二倍体植株。成年植株高约45cm，冠幅约63cm，繁殖系数为2.4，叶子绿色，为规则扇形排列，花为中早花期。花旧紫色，花喉绿色，带有深紫红色眼斑，花瓣稍向外翻卷呈三角形，花径13cm，花瓣宽5cm，花萼宽3cm，花瓣椭圆形，顶端稍尖，边缘近无褶皱，花纹明显，中肋突出。花莛高80cm，单芽平均花莛0.8支，单花莛花量平均20朵。

‘紫波特’萱草

H.'Dorothy Lambert'

成年植株高约55cm，冠幅约65cm，繁殖系数为2.2，叶子绿色，为规则扇形排列，叶宽4.2cm，花为中早花期。花淡紫色，花喉黄绿色面积大，带有细的浅蓝紫色眼斑，花型平展呈三角形，花径16cm，花瓣宽5.5cm，花萼宽3.7cm，花瓣长椭圆形，边缘稍褶皱，萼片顶端扭曲，花纹明显，中肋近白色。花莛高95cm，单芽平均花莛0.6支，单花莛花量平均12.4朵。

‘紫葡萄’萱草

H.'Oneota Grape'

成年植株高约45cm，冠幅约80cm，繁殖系数为1.8，叶子绿色，为规则扇形排列，叶宽2.5cm，花为中晚花期。花旧紫色，带有深紫色眼斑，花喉绿色，花型外卷，花径14cm，花瓣宽5cm，花萼宽3.5cm，花瓣长椭圆形，边缘稍褶皱，花纹明显，中肋两边宽1cm颜色深。花莛高60cm，单芽平均花莛1支，单花莛花量平均11朵。

‘紫色图案’萱草

H.'Patterns'

二倍体植株。成年植株高约55cm，冠幅约60cm，繁殖系数为4.2，叶子绿色，为不规则扇形排列，叶宽2.6cm，花为中早花期。花紫色，花喉黄绿色，带有蓝紫色眼斑，花型开张平展呈星型，花径12cm，花瓣宽3.6cm，花萼宽2cm，花瓣细长，顶端扭曲，边缘稍褶皱，花纹和中肋明显。花莛高90cm，单芽平均花莛0.6支，单花莛花量平均11朵。

‘外星人’萱草

H.'Starman's Quest'

二倍体植株。成年植株高约70cm，冠幅约80cm，繁殖系数为2.3，叶子绿色，为较规整扇形排列，叶宽3.7cm，花为中花期。花紫色，花喉绿色面积大，带有三角形的宽的深紫色眼斑，花为独特的卷缩状花型，花径20cm，花瓣宽4.1cm，花萼宽2.7cm，花瓣细长，向外翻卷并扭曲，边缘褶皱，花纹明显，中肋近白色。花莛高90cm，单芽平均花莛1支，单花莛花量平均11.6朵，花大，花期很壮观。

‘紫球’萱草

H.'Strutter's Ball'

四倍体植株。成年植株高约60cm，冠幅约100cm，繁殖系数为2.8，叶子绿色，为规则扇形排列，叶宽2.5cm，花为中花期，二次花品种。花紫色，花喉绿渐变黄色，花瓣带有渐变浅色的眼斑，花型平展开张，花型规整，花径15cm，花瓣宽5.5cm，花萼宽3cm，花瓣椭圆形，边缘褶皱，花纹和中肋明显，花瓣有绒质感，质地肥厚。花莛高65cm，单芽平均花莛1.1支，单花莛花量平均11朵。

‘黑眼睛’萱草

H.'Black Eye'

四倍体植株。成年植株高约50cm，冠幅约60cm，繁殖系数为2.5，叶子绿色，为规则扇形排列，叶宽2.5cm，花为中花期。花紫粉色，花喉绿色，带有黑红色眼斑，花瓣下部有紫色镶边，上部有不明显的黄色镶边，花型开张呈三角形，花型规整，花径12cm，花瓣宽5cm，花萼宽3.5cm，花瓣椭圆形稍外翻，边缘褶皱密集整齐，花纹和中肋明显，中肋颜色稍浅，质地肥厚。花莛高70cm，单芽平均花莛0.7支，单花莛花量平均11.5朵。

‘皇冠’萱草

H.'Chicago Royal Crown'

四倍体植株。成年植株高约60cm，冠幅约70cm，繁殖系数为1.8，叶子绿色，为较规则扇形排列，叶宽3.6cm，花为中花期。花紫色，花喉绿色，带有深紫色眼斑，花瓣稍向外翻卷呈三角形，花径15cm，花瓣宽6cm，花萼宽3.5cm，花瓣椭圆形，边缘褶皱，花纹和中肋明显，中肋颜色稍浅。花莛高80cm，单芽平均花莛1支，单花莛花量平均19.4朵。

‘蓝紫月亮’萱草

H.'Indigo Moon'

四倍体植株。成年植株高约60cm，冠幅75cm，繁殖系数为2.9，叶子绿色，为规则的扇形排列，叶宽4.5cm，花为中花期。花紫红色，花喉绿色，带有三角形深紫色眼斑，花呈三角形，花型规整，花径15cm，花瓣宽7cm，花萼宽4.9cm，花瓣椭圆形，边缘褶皱，花纹明显，中肋突出，近白色。花莛高85cm，单芽平均花莛0.9支，单花莛花量平均15.8朵。

‘遗忘的梦’萱草

H.'Forgotten Dreams'

二倍体植株。成年植株高约55cm，冠幅约75cm，繁殖系数为2.9，叶子绿色，为不规则扇形排列，叶宽3cm，花为中花期。花旧紫色，花喉绿色，带有黑紫色眼斑，花瓣有深紫色较宽的镶边，花型外卷规整，花径16cm，花瓣宽7cm，花萼宽3.6cm，花瓣椭圆形，边缘褶皱，向外翻卷，花纹明显，中肋颜色稍浅。花莛高80cm，花总单芽平均花莛1支，单花莛花量平均21.8朵，花量大。

‘马丁纳’萱草

H.'Martina Verhaert'

四倍体植株。成年植株高约45cm，冠幅约70cm，繁殖系数为2.7，叶子绿色，为不规则扇形排列，叶宽2.6cm，花为中花期。花紫粉色，花喉绿色，带有宽的深紫色眼斑，花瓣有宽的深紫色镶边，花呈三角形，花型规整，花径14cm，花瓣宽5.8cm，花萼宽3.3cm，花瓣椭圆形，顶端尖，边缘褶皱并带有细细的黄色边缘，花纹明显，中肋近白色。花莛高50cm，单芽平均花莛0.9支，单花莛花量平均13朵。

‘黑莽’萱草

H.'Blue Viper'

二倍体植株。成年植株高约25cm，冠幅约40cm，叶较细，规则排列，边缘波浪状稍褶皱，花为中花期。花紫粉色，花喉黄绿色面积大，有宽的蓝紫色水印状眼斑，花外卷近圆形，花径12cm，花瓣宽4cm，花萼宽2.5cm，花瓣长椭圆形，边缘褶皱大且平缓。花莛高50cm，单花莛花量为12朵。

‘禁地’萱草

H.'Forbidden Territory'

四倍体植株。成年植株高约35cm，冠幅约40cm，植株低矮紧凑，叶规则扇形排列，直立，花为中早花期，二次花品种。花紫红色，花喉绿色，带有不明显的稍浅色眼斑，花瓣外翻呈三角形，花径15cm，花瓣宽6.5cm，花萼宽4.5cm，花瓣近圆形，边缘带有浅黄色齿状镶边，质地肥厚。花莛高40cm，单花莛花量为12朵。

‘穿透’萱草

H.'Heavenly Breakthrough'

四倍体植株。成年植株高约50cm，冠幅约60cm，叶较宽为规则扇形排列，边缘波浪状褶皱，花为中花期，二次花品种。花旧紫色，花喉黄绿色，带有蓝紫色眼斑，花外翻近圆形，花径12cm，花瓣宽5.5cm，花萼宽3.2cm，花瓣椭圆形，边缘褶皱密集整齐，花瓣边缘颜色稍浅，花纹明显。花莛高50cm，单花莛花量为10朵。

‘感恩紫’萱草

H.'Indian Giver'

二倍体植株。成年植株高约40cm，冠幅约45cm，植株低矮紧凑，叶缘稍褶皱，花为中花期。花深紫色，花喉绿色，花为星型，花径12cm，花瓣宽5cm，花萼宽3cm，花瓣椭圆形，顶端尖且扭曲，边缘褶皱大且不整齐，花瓣边缘带有细的白色镶边，花纹颜色深。花莛高55cm，单花莛花量12朵。

‘紫色世界’萱草

H.'Miss Quinn's World'

四倍体植株。成年植株高约50cm，冠幅约70cm，叶较宽，叶缘稍扭曲，花为中花期，二次花品种。花紫粉色，花萼颜色稍深，花喉橘黄色，带有较轻的蓝紫色眼斑，花型外卷呈圆形，花径15cm，花瓣宽6.5cm，花萼宽3.5cm，花瓣边缘褶皱，表面凹凸，花纹明显，中肋颜色稍浅。花莛高70cm，单花莛花量20朵。

‘草原蓝晴’萱草

H.'Prairie Blue Eyes'

二倍体植株。成年植株高约35cm，冠幅约50cm，叶细长，边缘稍波浪状褶皱，花为中早花期，二次花品种。花紫粉色，花喉黄色，带有近蓝色的眼斑，花瓣外卷呈三角形，花径14cm，花瓣宽6cm，花萼宽3.5cm，花瓣椭圆形，顶端扭曲，边缘褶皱较大，花瓣表面凹凸，花纹和中肋明显。花莛高55cm，单花莛花量9朵。

‘紫色炸弹’萱草

H.'Purple Kaboom'

四倍体植株。成年植株高约30cm，冠幅约45cm，叶呈规则扇形排列，花为中花期，二次花品种。花紫色，花喉黄绿色，带有浅紫色的水印状眼斑，花瓣外卷呈三角形，花径17cm，花瓣宽7cm，花萼宽3.5cm，花瓣椭圆形，带有细白色的镶边，花纹和中肋明显，边缘有不整齐的褶皱。花莛高45cm，单花莛花量8朵。

‘磕磕绊绊’萱草

H.'Tripped out'

四倍体植株。成年植株高约50cm，冠幅约60cm，叶较细，花为中早花期。花栗紫色，花喉黄色，带有蓝紫色水印状眼斑，花稍外卷呈平盘状，花径14cm，花瓣宽5cm，花萼宽3cm，花瓣尖椭圆形，边缘褶皱，花纹明显，颜色稍深。花莛高55cm，单花莛花量7朵。

‘法国瓷器’萱草

H.'French Porcelain'

四倍体植株。成年植株高约55cm，冠幅约70cm，繁殖系数为1.2，叶宽约2.5cm，花为中花期。花紫粉色，花喉绿色，带有紫红色眼斑，花瓣稍向外翻卷呈三角形，花径15cm，花瓣宽5.2cm，花萼宽2.3cm，花瓣为椭圆形，边缘褶皱，花纹和中肋明显。花莛高为75cm，单芽平均花莛0.8支，单花莛花量平均10.4朵。

自色单瓣萱草

尽管萱草的花色花型有了许多的变化，但最受到大家喜爱的还是五颜六色的自色单瓣萱草，自色单瓣花可以带给人们宁静与和平的愉悦。所谓自色，是指花瓣、花萼及花喉都为相同的颜色，但现在一般是指花瓣、花萼同色。与重瓣、迷你或者蜘蛛花型、带眼斑萱草相比，自色的单瓣花保持着自己独特的风格。正像 R.W. Munson Jr. 所说的："自色单瓣花有其简单的美丽，就像是一个宁静的日本花园，不需要太多的装饰。"

但是，育种者们也在不断地改进单瓣花的性状，近些年也取得了一些成果，一些新的特性已经显著提高了单瓣花的观赏性。比如细长的花瓣和三角形花在育种过程中渐渐变得宽了，花瓣宽度的增加使得花型更加丰满。不但增加了花瓣的宽度，还出现了褶皱，许多现代萱草的花瓣都同时具有圆形和褶皱的良好性状。褶皱也有了很大的变化，从最初出现的疏松的、多圈褶皱到紧密的卷曲边缘，一些新的品种的卷曲已经从花瓣延伸到了中脉甚至到了花喉的区域。除了褶皱，花瓣边缘也增加了观赏性状，比如花瓣边缘的齿状、角状、鲨鱼齿状，或金黄色的镶边，还有最近出现的绿色的镶边，等等。

育种者已经将自色单瓣花从最初的黄色、橘色和锈红色中培育出了许多种颜色。红色已经很清晰且更艳丽，粉色也已经出现了从娃娃粉到深玫红色的各个色段。紫色和薰衣草色也有了很宽泛的颜色范围，从深紫色到淡淡的蓝紫色，许多还有相对应的稍浅色的水印和漂亮的金黄色镶边。虽然迄今为止还没有一个真正的蓝色萱草，但是育种者已经得到了粉蓝色到海蓝色眼斑的品种。白色的萱草已经有了淡粉色到浅黄色的品种，育种者也在努力培育纯白色的萱草。黑色的萱草是指从黑红色到黑紫色的，通常都带有引人注目的金黄色或者是鲨鱼齿状的镶边。自色萱草的颜色已经非常丰富，并且在栽培抗性上也得到了较大的提高。

在这章的萱草照片中将它们分为几组进行介绍：白色（奶油色到白色），黄色（黄色到金黄色），橘色（杏黄色到橘黄色），粉色（桃色到玫瑰粉色），红色（红色到黑红色），黑色和薰衣草色（薰衣草色到紫色）。

白色单瓣萱草

‘和蔼牧羊人’萱草

H.'Gentle Shepherd'

二倍体植株。成年植株高约70cm，冠幅约75cm，繁殖系数为3，叶宽约4.2cm，扇形，叶缘稍褶皱，花为中花期。花奶油白色，花喉绿色，花为喇叭形，花径14cm，花瓣宽5cm，花萼宽2.1cm，花瓣为长椭圆形，边缘有很小的褶皱，花纹明显。花莛高为80cm，单芽平均花莛1支，单花莛花量为20朵。

‘白玉’萱草

H.'White Jade'

二倍体植株。成年植株高45～50cm，冠幅约50cm，繁殖系数为3，花为中花期。花白黄色，花喉绿色，花为外卷型，花径12cm，花瓣宽2.5cm，花萼宽1.5cm，花瓣为长椭圆形，顶端稍尖，花瓣表面平滑，中肋颜色稍浅。花莛高50cm，单芽平均花莛0.5支，单花莛花量为13.2 朵。

‘高原雪’萱草

H.'Alpine Snow'

四倍体植株。成年植株高约40cm，冠幅约60cm，繁殖系数为2.1，叶子绿色，为规则的扇形排列，叶宽约3.3cm，花为中花期。花奶油白色，花喉绿色，花瓣有淡黄色镶边，花为三角形，花径14cm，花瓣宽6.9cm，花萼宽4cm，花瓣椭圆形，稍向外翻卷，花瓣边缘褶皱大，花纹和中肋明显。花莛高50cm，单芽平均花莛0.9支，单支花莛花量为16.8朵。

‘亚当黄’萱草

H.'Ben Adams'

四倍体植株。成年植株高约60cm，冠幅约60cm，繁殖系数为1.3，叶子绿色，为不规则扇形排列，叶宽3.8cm，花为中花期。花奶油色，花喉绿色，花瓣有黄色镶边，花型开张近圆形，花径13.5cm，花瓣宽6.2cm，花萼宽3.2cm，花瓣椭圆形，边缘褶皱呈波纹状，中肋白色，花瓣质地肥厚。花莛高70cm，单芽平均花莛1支，单支花莛花量平均为17.2朵。

‘白色幻光’萱草

H.'White Illusion'

四倍体植株。成年植株高约35cm，冠幅约60cm，繁殖系数为2.1，叶子绿色，为规则扇形排列，叶宽1cm，花为中晚花期。花粉白色，花喉绿色，花瓣有细的黄色镶边，花瓣向外翻卷呈外卷型，花径14cm，花瓣宽5cm，花萼宽3cm，花瓣椭圆形，表面凹凸，边缘稍褶皱。花莛高60cm，单芽平均花莛1.2支，单支花莛花量平均为10朵。

‘北方薄雾’萱草

H.'Nordic Mist'

四倍体植株。成年植株高约45cm，冠幅约70cm，繁殖系数为2.4，叶子绿色，为规则扇形排列，叶宽3cm，花为中花期。花奶油白色，花喉黄绿色，花瓣有宽的褶皱的黄色镶边，花近三角形，花径13cm，花瓣宽7cm，花萼宽4cm，花瓣近圆形，边缘褶皱，花纹和中肋明显，花瓣质地肥厚。花莛高70cm，单芽平均花莛0.8支，单支花莛花量平均为14朵。

‘绸缎粉’萱草

H.'Braided Satin'

四倍体植株。成年植株高约60cm，冠幅约80cm，繁殖系数为2.3，叶子绿色，为规则扇形排列，叶宽3cm，花为中花期。花奶油粉色，花喉绿色，花型平展开张，花径15cm，花瓣宽5.5cm，花萼宽3cm，花瓣椭圆形，边缘褶皱，花纹和中肋非常明显，花瓣质地肥厚。花莛高60cm，单芽平均花莛0.9支，单支花莛花量平均为8朵。

‘鲍勃白’萱草

H.'Bob White'

四倍体植株。成年植株高约55cm，冠幅约65cm，繁殖系数为1.5，叶子绿色，为规则扇形排列，叶宽4cm，花为中花期。花鹅黄近白色，花喉绿色，花瓣向外翻卷呈圆形，花型不规整，花径14.5cm，花瓣宽6.5cm，花萼宽4cm，花瓣椭圆形，边缘稍褶皱，中肋白色。花莛高80cm，单芽平均花莛1支，单支花莛花量平均15.4朵。

‘白金’萱草

H.'Platinum Plus'

成年植株高约60cm，冠幅约65cm，繁殖系数为2.3，叶子绿色，为规则扇形排列，叶宽2.2cm，花为中花期。花奶油白色，花喉黄绿色，花呈三角形，花径16.5cm，花瓣宽6.2cm，花萼宽3.9cm，花瓣椭圆形，顶部稍尖，边缘褶皱稍向外翻，花纹明显，中肋白色。花莛高60cm，单芽平均花莛0.7支，单支花莛花量为9.4朵。

‘白色诱惑’萱草

H.'White Temptation'

二倍体植株。成年植株高约70cm，冠幅约80cm，繁殖系数为2.7，叶子绿色，为规则扇形排列，叶宽2.5cm，花为中晚花期。花浅黄白色，花喉绿色，花型平展开张，花径14cm，花瓣宽5cm，花萼宽3cm，花瓣椭圆形，花瓣表面有凹凸，边缘有褶皱，花纹明显，中肋白色。花莛高80cm，单芽平均花莛0.8支，单支花莛花量平均10朵。

‘大雪球’萱草

H.'Heavenly Snow Drift'

四倍体植株。成年植株高约25cm，冠幅约40cm，叶黄绿色，较宽，不规则扇形排列，花为中花期。花奶油粉色近白色，花喉绿色，带有黄色和粉色镶边，花型开展呈平盘状，花径15cm，花瓣宽6cm，花萼宽3.2cm，边缘褶皱，少部分镶边为齿状，中肋明显，白色。花莛高40cm，单花莛花量8朵。

‘白霜’萱草

H.'Royal Frosting'

二倍体植株。成年植株高约50cm，冠幅约45cm，叶较宽，规则扇形排列，花为中花期，二次花品种。花奶油白色，花喉绿色，花外卷呈三角形，花径13.5cm，花瓣宽6.5cm，花萼宽3.5cm，花瓣椭圆形，边缘褶皱，花纹明显。花莛高55cm，单花莛花量10朵。

‘北极雪’萱草

H.'Arctic Snow'

四倍体植株。成年植株高约45cm，冠幅约60cm，花为中花期。花象牙白色，花喉黄绿色，花径15cm，花瓣宽5.5cm，花萼宽3.5cm，花瓣长椭圆形，边缘近无褶皱，花瓣平滑。花莛高60cm，单芽平均花莛0.5支，单花莛花量平均13朵。

‘凯乌德’萱草

H.'Catherine Woodbery'

二倍体植株。成年植株高约25cm，冠幅约70cm，繁殖系数为3.1，叶宽约1.5cm，花为中晚花期。花粉白色，花喉绿色，花型平展呈三角形，花径为12cm，花瓣宽5cm，花萼宽2.5cm，花瓣为尖椭圆形，边缘有褶皱，花纹和中肋明显。花莛高为65cm，单芽平均花莛0.6支，单支花莛花量平均为11朵。

‘超可爱’萱草

H.'So Lovely'

二倍体植株。成年植株高约45cm，冠幅约90cm，繁殖系数为3，叶宽约1.5cm，叶缘扭曲，花为中晚花期。花黄近白色，花喉绿色，花型开张外卷，花径16cm，花瓣宽5.5cm，花萼宽4cm，花瓣椭圆形，稍向外翻卷，表面凹凸，边缘有褶皱，中肋白色。花莛高为85cm，单芽平均花莛0.6支，单支花莛花量平均为21朵。

‘银扇’萱草

H.'Silver Fan'

四倍体植株。成年植株高35～40cm，冠幅约50cm，繁殖系数为3，花为中早花期。花奶油白色，花喉绿色，花型外卷，花径约18cm，花瓣宽4.5cm，花萼宽3cm，花瓣为尖椭圆形，顶端尖并稍扭曲，边缘褶皱，中肋颜色稍浅。单芽平均花莛0.7支，单支花莛花量平均为10朵。

‘冰狂欢节’萱草

H.'Ice Carnival'

二倍体植株。成年植株高约45cm，冠幅约60cm，繁殖系数为2.5，叶宽约2.5cm，花为中花期。花奶油白色，花喉绿色，花喇叭形，花型不规整，花径13.5cm，花瓣宽4cm，花萼宽2.5cm，花瓣为椭圆形，边缘有褶皱，花纹明显，中肋白色。花莛高为50cm，单芽平均花莛0.8支，单支花莛花量为7朵。

‘阿斯拖拉托’萱草

H.'Astolat'

成年植株高约20cm，冠幅约55cm，繁殖系数为2.8，叶宽约1.7cm，花为中晚花期。花粉白色，花喉黄绿色，花为星型，花径13cm，花瓣宽3.5cm，花萼宽2.5cm，花瓣细椭圆形，顶端尖，边缘稍褶皱，花纹和中肋明显。花莛高为50cm，单芽花莛平均为0.7支，单支花莛花量为6朵。

粉色单瓣萱草

‘特粉’萱草

H.'Big Blue'

四倍体植株。成年植株高约38cm，冠幅约83cm，繁殖系数为1.7，叶子绿色，为不规则扇形排列，叶宽2.7cm，花为中花期。花粉色，花为外卷型，花型不规整，花径15cm，花瓣宽8cm，花萼宽4.7cm，花瓣椭圆形，边缘褶皱较大，花纹和中肋明显。花莛高60cm，单芽平均花莛1.1支，单花莛花量11朵。

‘北极皱’萱草

H.'Arctic Clipper'

四倍体植株。成年植株高约58cm，冠幅约80cm，繁殖系数为2.7，叶子黄绿色，为规则扇形排列，叶宽4.1cm，花为中花期，有多瓣型花朵出现。花肉粉色，花喉绿色，花瓣有黄色镶边，花近圆形，花径17cm，花瓣宽7.2cm，花萼宽4.5cm，花瓣椭圆形，边缘褶皱向外翻卷，花纹和中肋明显。花莛高70cm，单芽平均花莛0.7支，单花莛花量平均19.2朵。

‘世纪之粉’萱草

H.'Beyond2000'

四倍体植株。成年植株高约40cm，冠幅约70cm，繁殖系数为2.7，叶子绿色，为规则扇形排列，叶宽3.5cm，花为中花期，有芳香味。花粉色，花喉由绿色渐变为黄色，花瓣带有黄色镶边，花型平展开张近圆形，花径12cm，花瓣宽5.3cm，花萼宽3.3cm，花瓣圆形，边缘褶皱，花纹和中肋明显，花瓣质地肥厚。花莛高55cm，单芽平均花莛1.1支，单花莛花量平均11.8朵。

‘堇粉盾牌’萱草

H.'Lavender Shield'

四倍体植株。成年植株高约45cm，冠幅约60cm，繁殖系数为2，叶子绿色，为规则扇形排列，叶宽3.7cm，花为中花期，有芳香味。花深粉色，花喉绿色，花喉上有一稍深色的环，花瓣向外翻卷，花近圆形，花径15cm，花瓣宽7.5cm，花萼宽5cm，花瓣近椭圆形，边缘褶皱密集，花纹明显，质地肥厚。花莛高60cm，单芽平均花莛0.7支，单花莛花量平均14.8朵。

‘迷人四月’萱草

H.'Enchanted April'

四倍体植株。成年植株高约80cm，冠幅约80cm，繁殖系数为2.2，叶子绿色，为规则扇形排列，叶宽2.5cm，花为中花期。花淡紫粉色，花喉黄绿色，花瓣带有宽的明黄色的褶皱镶边，花型平展开张呈三角形，花径13cm，花瓣宽4.5cm，花萼宽2.6cm，花瓣椭圆形，边缘褶皱密集，中肋明显，近白色，质地肥厚。花莛高60cm，单芽平均花莛1支，单花莛花量平均28朵。

‘乘风’萱草

H.'Ride the Wind'

四倍体植株。成年植株高约50cm，冠幅约70cm，繁殖系数为1.8，叶子绿色，为规则扇形排列，叶宽3.4cm，花为中花期，有芳香味。花粉红色，花喉绿色，花型平展近圆形，花径15cm，花瓣宽5cm，花萼宽4cm，花瓣椭圆形，稍外翻，边缘褶皱整齐，花纹和中肋明显。花莛高65cm，单芽平均花莛1支，单花莛花量平均16朵。

‘玫色禁令’萱草

H.'Banned in Boston'

二倍体植株。成年植株高约30cm，冠幅约30cm，植株生长较弱，繁殖系数为1.6，叶子绿色，为规则扇形排列，叶宽2.1cm，花为中花期。花瓣玫瑰粉色，花萼浅粉色，花喉绿色，花瓣边缘带有较宽的浅粉色镶边，花型平展呈星星型，花径12cm，花瓣宽4cm，花萼宽2.5cm，花瓣椭圆形，顶部尖并稍扭曲，中肋非常明显。花莛高55cm，单芽平均花莛0.3支，单花莛花量平均6朵。

‘玫瑰视觉’萱草

H.'Rose Vision'

四倍体植株。成年植株高约48cm，冠幅约60cm，繁殖系数为2.9，叶子绿色，为不规则扇形排列，叶宽3.1cm，花为中花期，有芳香味。花粉色，花喉绿色，花型平展规整，花径13cm，花瓣宽5.3cm，花萼宽4cm，花瓣椭圆形，花瓣边缘颜色较深，边缘褶皱密集整齐，花纹和中肋明显，花瓣质地肥厚。花莛高60cm，单芽平均花莛0.7支，单花莛花量平均13.8朵。

‘壮丽香粉’萱草

H.'Majestic Pink'

四倍体植株。成年植株高约50cm，冠幅约70cm，繁殖系数为2.3，叶子绿色，为规则扇形排列，叶宽2cm，花为中花期，香味较浓。花粉色，花喉绿色，花瓣有细的黄色镶边，花型平展规整，花径16cm，花瓣宽6.5cm，花萼宽4.5cm，花瓣椭圆形，边缘褶皱，花纹明显，中肋颜色稍浅。花莛高70cm，单芽平均花莛0.7支，单花莛花量平均8朵。

‘海伦粉’萱草

H.'Helen Shooter'

二倍体植株。成年植株高约60cm，冠幅约68cm，繁殖系数为2.7，叶子绿色，为规则扇形排列，叶宽3.5cm，花为中花期。花淡粉色，花喉绿色，花型开张平展，花型规整，花径19cm，花瓣宽7.3cm，花萼宽5.2cm，花瓣长椭圆形，边缘褶皱密集整齐，花纹明显，中肋颜色稍浅。花莛高60cm，单芽平均花莛0.9支，单花莛花量平均16.2朵。

‘陶斯小镇’萱草

H.'Taos'

四倍体植株。成年植株高约60cm，冠幅约60cm，繁殖系数1.9，叶子绿色，为规则扇形排列，叶宽2.5cm，花为中花期。花奶油粉色，花喉绿色，花瓣有细的黄色镶边，花近圆形，花型规整，花径15cm，花瓣宽6.5cm，花萼宽4cm，花瓣椭圆形，边缘褶皱整齐，花纹明显，中肋颜色稍浅，花瓣质地肥厚。花莛高65cm，单芽平均花莛0.8支，单花莛花量10朵。

‘华贵粉’萱草

H.'Patrician Splendor'

四倍体植株。成年植株高约60cm，冠幅约60cm，繁殖系数为1.7，叶子绿色，为规则扇形排列，叶宽3.5cm，花为中花期。花粉色，花喉绿色，花瓣有细细的黄色镶边，花近圆形，花型规整，花径13cm，花瓣宽5.5cm，花萼宽3.5cm，花瓣近圆形，边缘褶皱密集整齐，花纹和中肋明显，花瓣质地肥厚。花莛高75cm，单芽平均花莛0.9支，单花莛花量11.2朵。

‘珍贵的爱’萱草

H.'Treasure of Love'

四倍体植株。成年植株高约50cm，冠幅约70cm，繁殖系数为1.8，叶子绿色，为规则扇形排列，叶宽2.6cm，花为中花期。花紫粉色，花喉绿色，花型平展开张较规整，花径16cm，花瓣宽6.5cm，花萼宽4cm，花瓣椭圆形，稍向外翻卷，边缘褶皱较大，花纹明显，中肋颜色稍浅，花瓣质地肥厚。花葶高50cm，单芽平均花葶0.9支，单花葶花量平均13.2朵。

‘化妆天使’萱草

H.'Angle in Disguise'

四倍体植株。成年植株高约55cm，冠幅约60cm，繁殖系数为1.9，叶子绿色，为规则扇形排列，叶宽2.9cm，花为中花期。花粉色，花喉绿色，花瓣有细细的黄色镶边，花型开展外卷，花径16cm，花瓣宽7cm，花萼宽4.2cm，花瓣椭圆形，外翻捏卷，顶端尖，边缘褶皱，花纹明显，中肋颜色浅，花瓣质地肥厚。花葶高65cm，单芽平均花葶0.8支，单花葶花量平均16.4朵。

‘桑德粉’萱草

H.'Sangre De Cristo'

四倍体植株。成年植株高约50cm，冠幅约40cm，繁殖系数为1.5，叶子绿色，为规则扇形排列，叶宽4cm，花为中花期，二次花品种。花粉色，花喉绿色，面积大，非常显眼，花瓣有细的黄色镶边，花型开展呈三角形，花径16cm，花瓣宽6.5cm，花萼宽4.2cm，花瓣长椭圆形，边缘褶皱，花纹和中肋明显。花莛高72cm，单芽平均花莛2支，单花莛花量平均8朵。

‘克里斯蒂’萱草

H.'San Ignacio'

四倍体植株。成年植株高约65cm，冠幅约72cm，繁殖系数为1.6，叶子绿色，为扇形排列，叶宽4.3cm，花为中花期。花粉红色，花喉绿色，花萼颜色稍浅，花有浓香味，花型平展稍向外翻卷，花径16cm，花瓣宽6.2cm，花萼宽4.6cm，花瓣椭圆形，边缘褶皱整齐，花纹明显，中肋白色。花莛高80cm，单芽平均花莛1支，单花莛花量平均15.4朵。

‘西蒙粉’萱草

H.'San Simeon'

四倍体植株。成年植株高约40cm，冠幅约50cm，繁殖系数为1.7，叶子绿色，为规则扇形排列，叶宽2.5cm，花为中花期。花粉红色，花喉绿色，花瓣有细的黄色镶边，花开张度小，近三角形，花径13cm，花瓣宽6cm，花萼宽4cm，花瓣近圆形，边缘褶皱，花纹和中肋非常明显，花瓣质地肥厚。花莛高58cm，单芽平均花莛0.6支，单花莛花量平均8.4朵。

‘阿伦粉’萱草

H.'Allunga'

四倍体植株。成年植株高约70cm，冠幅约70cm，繁殖系数为2.4，叶子绿色，为规则扇形排列，叶宽3cm，花为中花期。花橘粉色，花喉黄绿色，花喉上有稍深色的环，花型不开张，花筒较长，呈喇叭形，花径11cm，花瓣宽5cm，花萼宽3cm，花瓣长椭圆形，边缘稍褶皱，花瓣表面凹凸，中肋颜色稍浅。花莛高60cm，单芽平均花莛1支，单花莛花量平均15.6朵。

‘黎明色’萱草

H.'Cisty'

二倍体植株。成年植株高约50cm，冠幅约70cm，繁殖系数为2.3，叶子绿色，为规则扇形排列，叶宽3.3cm，花为中花期。花肉粉色，花喉绿色，花型外卷不规整，花径14cm，花瓣宽5cm，花萼宽3.4cm，花瓣椭圆形，边缘稍褶皱，花纹非常明显，中肋颜色稍浅。花葶高70cm，单芽平均花葶0.9支，单花葶花量平均20朵。

‘鸡尾酒’萱草

H.'Dacquiri'

成年植株高约56cm，冠幅约70cm，繁殖系数为1.7，叶子绿色，为规则扇形排列，叶宽3.4cm，花为中花期。花粉色，花喉绿色，花萼颜色稍浅，花型外卷，花径19cm，花瓣宽5.3cm，花萼宽3.5cm，花瓣椭圆形，向外翻卷，花萼翻卷扭曲，边缘稍褶皱，花纹和中肋明显。花葶高70cm，单芽平均花葶0.9支，单花葶花量平均5朵。

‘绿心粉’萱草

H.'Heather Green'

四倍体植株。成年植株高约45cm，冠幅约60cm，繁殖系数为2.5，叶中脉两边各有一条突起叶脉，叶宽2.7cm，花为中早花期。花砖粉色，花喉绿色，花瓣有细的黄色镶边，花瓣向外翻卷呈三角形，花径13cm，花瓣宽5cm，花萼宽3.2cm，花瓣长椭圆形，边缘稍褶皱，中肋近白色。花莛70cm，单芽平均花莛0.8支，单花莛花量平均20.4朵。

‘康奈利’萱草

H.'Helen Connelly'

四倍体植株。成年植株高约42cm，冠幅约40cm，繁殖系数为2.3，叶子绿色，为规则扇形排列，叶宽2.5cm，花为中花期。花淡粉色，花喉绿色，花型平展开张，花径13.5cm，花瓣宽4cm，花萼宽2cm，花瓣椭圆形，表面有凹凸，边缘稍褶皱，花纹明显，中肋近白色。花莛高55cm，单芽平均花莛0.5支，单花莛花量平均8朵。

‘卡努粉’萱草

H.'Kalutara'

四倍体植株。成年植株高约55cm，冠幅约70cm，繁殖系数为2.9，叶子绿色，为规则扇形排列，叶宽3.8cm，花为中花期。花桃粉色，花喉绿色，花型平展呈三角形，花径14.5cm，花瓣宽6.2cm，花萼宽3.8cm，花瓣椭圆形，边缘褶皱密集，花纹明显，中肋白色，花瓣质地肥厚。花莛高55cm，单芽平均花莛0.8支，单花莛花量平均25.6朵。

‘科文玫粉’萱草

H.'May Colvin'

四倍体植株。成年植株高约60cm，冠幅约80cm，繁殖系数为2.7，叶子为规则的扇形排列，叶宽2cm，花为中晚花期。花玫瑰粉色，花喉黄色，部分花瓣外卷呈不规整的三角形，花径13cm，花瓣宽5cm，花萼宽3cm，花瓣椭圆形，向外翻卷，边缘稍褶皱，花纹明显，中肋颜色浅。花莛高65cm，单芽平均花莛0.9支，单花莛花量平均12.4朵。

‘雾中假日’萱草

H.'Misty Holiday'

四倍体植株。成年植株高约50cm，冠幅约45cm，繁殖系数为2.3，叶子为规则的扇形排列，叶宽3cm，花为中花期。花浅玫瑰粉色，花喉绿色，花瓣有细的黄色镶边，花型开张近三角形，花径14cm，花瓣宽5cm，花萼宽3cm，花瓣长椭圆形，顶端尖，边缘褶皱，中肋突出，近白色。花莛高70cm，单芽平均花莛0.8支，单花莛花量平均14.6朵。

‘诗画’萱草

H.'Painter Poet'

四倍体植株。成年植株高约45cm，冠幅约70cm，繁殖系数为2.6，叶子绿色，为规则扇形排列，叶宽2.5cm，花为中花期。花紫粉色，表面有不均匀的白色斑片，花喉绿色，花喇叭形，花径14cm，花瓣宽5cm，花萼宽3cm，花瓣椭圆形，边缘褶皱，中肋突出，近白色。花莛高74cm，单芽平均花莛1支，单花莛花量平均13.4朵。

‘粉周一’萱草

H.'Pink Monday'

四倍体植株。成年植株高约35cm，冠幅约60cm，繁殖系数为1.9，叶子绿色，为规则扇形排列，叶宽2.5cm，花为中花期。花柔粉色，花喉绿色，花型平展，花瓣稍向外翻卷，花径14cm，花瓣宽5cm，花萼宽3.5cm，花瓣椭圆形，边缘褶皱，花纹明显，颜色稍深，中肋突出，近白色。花莛高40cm，单芽平均花莛0.7支，单花莛花量平均8朵。

‘顺航’萱草

H.'Smooth Flight'

四倍体植株。成年植株高约70cm，冠幅约80cm，繁殖系数为1.8，叶子绿色，为不规则扇形排列，叶宽3.3cm，花为中花期。花砖粉色，花喉黄绿色，花型开张呈三角形，花径15cm，花瓣宽5cm，花萼宽3.7cm，花瓣长椭圆形，边缘颜色稍深，边缘褶皱密集整齐。花莛高105cm，单芽平均花莛0.5支，单花莛花量平均13.8朵。

‘女红’萱草

H.'Woman's Work'

二倍体植株。成年植株高约55cm，冠幅约65cm，繁殖系数为2.3，叶子黄绿色，为规则扇形排列，叶宽2.5cm，花为中花期。花浅粉色，花喉绿色，花近三角形不规整，花径15cm，花瓣宽5.5cm，花萼宽3.5cm，花瓣椭圆形，边缘稍褶皱，花萼向外翻卷，花纹和中肋明显。花莛高70cm，单芽平均花莛0.7支，单花莛花量平均19朵。

‘月亮山’萱草

H.'Moon Mountains'

四倍体植株。成年植株高约55cm，冠幅约60cm，繁殖系数为2.2，叶子绿色，为不规则的扇形排列，叶宽约3.3cm，花为中花期。花橘粉色，花喉绿色，花喉上部带有稍深色环，花朵开张度小，花呈喇叭形，花径11cm，花瓣宽5cm，花萼宽3.2cm，花瓣椭圆形，边缘褶皱整齐，中肋颜色稍浅。花莛高70cm，单芽平均花莛1支，单花莛花量平均13朵。

‘卡特兰’萱草

H.'Royal Cattleya'

四倍体植株。成年植株高约50cm，冠幅约80cm，繁殖系数为1.9，叶子绿色，为不规则扇形排列，叶宽约2.5cm，花为中晚花期，二次花品种。花紫粉色，花色娇嫩，花喉绿色，非常吸引人，花瓣周边的颜色稍深于花瓣中部，花型规整平展开张，花径13.5cm，花瓣宽4.5cm，花萼宽2.7cm，花瓣近圆形，边缘褶皱，中肋突出，花瓣质地肥厚。花莛高70cm，单芽平均花莛1.2支，单花莛花量14.5朵。

‘孩儿粉’萱草

H.'Hush Little Baby'

二倍体植株。成年植株高约25cm，冠幅约50cm，叶片较宽，为规则扇形排列，花为中花期。花玫瑰粉色，花喉绿色，花瓣向外翻卷呈近圆形，花径14.5cm，花瓣宽7cm，花萼宽3.8cm，花瓣椭圆形，边缘褶皱大且整齐，花纹颜色较深，中肋颜色稍浅。花莛高40cm，单花莛花量8朵。

‘芭芭拉’萱草

H.'Barbara Mitchell'

二倍体植株。成年植株高约40cm，冠幅约70cm，繁殖系数为1.9，叶宽约3cm，花为中花期。花粉色，花喉绿色，带有不明显的淡紫色眼斑，花瓣向外翻卷，花近圆形，花径13cm，花瓣宽5cm，花萼宽3cm，花瓣为椭圆形，边缘稍褶皱，花纹和中肋明显。花莛高为60cm，单芽平均花莛0.7支，单花莛花量平均7朵。

‘斯克提拉斯’萱草

H.'Scctinglas'

成年植株高约30cm，冠幅约70cm，繁殖系数为1.6，叶宽约2.4cm，花为中花期。花砖粉色，花喉绿色，花型平展开张，花径12cm，花瓣宽3.6cm，花萼宽2.5cm，花瓣为椭圆形，顶端捏卷扭曲，边缘稍有褶皱，花纹明显，中肋突出，近白色。花莛高为70cm，单芽平均花莛0.9支，单花莛花量平均27.3朵。

‘迷人夫人’萱草

H.'Winsome Lady'

二倍体植株。成年植株高约40cm，冠幅约50cm，繁殖系数为2.3，叶宽约1.5cm，花为中晚花期。花粉色，花喉绿色，花型平展稍向外翻卷，花径12cm，花瓣宽4.5cm，花萼宽2.5cm，花瓣为长椭圆形，边缘稍褶皱，花纹明显。花莛高为50cm，单芽平均花莛0.8支,单花莛花量平均13朵。

‘粉灰’萱草

H.'Pink Embers'

成年植株高约48cm，冠幅约60cm，繁殖系数为1.5，叶宽约2.5cm，叶黄绿色，花为中早花期。花橘粉色，花喉深色，花瓣外卷顶端扭曲成三角形，花径15cm，花瓣宽4.5cm，花萼宽2cm，花瓣长椭圆形，顶端稍尖扭曲，花瓣表面有凹凸，边缘褶皱，花纹明显，中肋突出。花莛高为60cm，单芽平均花莛1支，单花莛花量平均21朵。

‘帕特里夏’萱草

H.'Patricia Fay'

二倍体植株。成年植株高约40cm，冠幅约60cm，繁殖系数为1.6，叶宽约2.2cm，花为中花期。花粉红色，花喉绿色，花型平展开张呈星型，花径14cm，花瓣宽4cm，花萼宽2.8cm，花瓣为长椭圆形，表面有凹凸，边缘稍褶皱，花纹明显，中肋颜色稍浅。花莛高为66cm，单芽平均花莛1支，单花莛花量平均为31.6朵。

‘月光使命’萱草

H.'Mission Moonlight'

二倍体植株。成年植株高约30cm，冠幅约40cm，繁殖系数为2，叶宽约1cm，花为中花期。花粉色，花喉橘黄色，花呈喇叭形，花径13cm，花瓣宽4.6cm，花萼宽2cm，花瓣长椭圆形，顶端尖并扭曲，边缘褶皱较大，花纹明显，中肋颜色稍浅。花莛高为50cm，单芽平均花莛0.5支，单花莛花量平均33朵。

‘活泼’萱草

H.'Vivacious'

二倍体植株。成年植株高约30cm，冠幅约60cm，繁殖系数为1.9，叶宽约2.5cm，花为中花期。花粉色，花喉黄色，花型平展规整，花径12cm，花瓣宽3.5cm，花萼宽2.5cm，花瓣为椭圆形，稍外翻，边缘稍褶皱，花纹明显。花莛高为70cm，单芽平均花莛0.5支，单花莛花量平均27朵。

‘玫瑰床’萱草

H.'Bed of Roses'

二倍体植株。成年植株高约50cm，冠幅约70cm，繁殖系数为2.6，叶宽约2.5cm，花为中花期。花为橘粉色，花喉黄绿色，花瓣向外翻卷程度不同，花型不规整，花径12cm，花瓣宽3.5cm，花萼宽2cm，花瓣长椭圆形，边缘稍褶皱，花纹明显，中肋突出，颜色稍浅。花莛高为60cm，单芽平均花莛0.6支，单花莛花量平均24朵。

‘埃德斯帕丁’萱草

H.'Edna Spalding'

二倍体植株。成年植株高约45cm，冠幅约65cm，繁殖系数为1.6，花为中花期。花粉红色，花喉绿色，花呈三角形，花径12cm，花瓣宽4.8cm，花萼宽2.7cm，花瓣尖椭圆形，表面有凹凸，边缘稍褶皱，花纹明显，为红色，中肋突出，颜色稍浅。花莛高60cm，单芽平均花莛0.6支，单花莛花量平均8朵。

‘中选情人’萱草

H.'Chosen Love'

二倍体植株。成年植株高约60cm，冠幅约70cm，繁殖系数为1.8，花为中花期。花粉色，花喉绿色，花型规整近三角形，花径13cm，花瓣宽4.8cm，花萼宽2.5cm，花瓣为椭圆形，表面有凹凸，边缘褶皱，花纹明显，中肋突出，近白色。花莛高70cm，单芽平均花莛1支，单花莛花量为11.3朵。

‘查理曼大帝’萱草

H.'Charlemagne'

二倍体植株。成年植株高约40cm，冠幅约70cm，繁殖系数为1.9，叶宽约1.5cm，花为中晚花期。花紫粉色，花喉绿色，花瓣细长，花为星型，花径14cm，花瓣宽3.5cm，花萼宽2.3cm，花瓣为长椭圆形，表面凹凸，边缘褶皱，花纹和中肋明显。花葶高为55cm，单芽平均花葶0.9支，单花葶花量为5.5朵。

黑色单瓣萱草

‘堇绒’萱草

H.'Raspberry Suede'

四倍体植株。成年植株高约40cm，冠幅约70cm，繁殖系数为1.6，叶子绿色，为规则扇形排列，叶宽2.7cm，花为中晚花期。花黑红色，花喉绿色，花型规整近圆形，花径14cm，花瓣宽5.5cn，花萼宽3.5cm，花瓣椭圆形，稍向外翻卷，表面有绒质感，花瓣边缘褶皱，质地肥厚。花葶高60cm，单芽平均花葶1.1支，单花葶花量平均11朵。

‘碳测年代’萱草

H.'Carbon Dating'

四倍体植株。成年植株高约60cm，冠幅约50cm，繁殖系数为1.6，叶子绿色，为规则扇形排列，叶宽3.1cm，花为中花期。花黑红色，花喉绿色，花为圆形，花型规整，花径13cm，花瓣宽5.3cm，花萼宽3.6cm，花瓣椭圆形，表面有绒质感，花瓣上常有不规则的白色斑点，花瓣边缘褶皱，花瓣质地肥厚。花莛高70cm，单芽平均花莛0.9支，单花莛花量16朵。

‘黑项链’萱草

H.'Black Lace'

四倍体植株。成年植株高约30cm，冠幅约35cm，繁殖系数为1.7，叶子绿色，为规则扇形排列，叶宽2cm，花为中花期。花深红色，近黑红色，花喉绿色，花瓣有细的黄色镶边，花型平展开张较规整，花径9.5cm，花瓣宽4cm，花萼宽2.4cm，花瓣长椭圆形，边缘无褶皱，花纹明显，中肋突出。花莛高37cm，单芽平均花莛0.6支，单花莛花量平均11朵。

‘黑非洲’萱草

H.'Africa'

二倍体植株。成年植株高约60cm，冠幅约70cm，繁殖系数为3.4，叶子绿色，为规则的扇形排列，叶宽2cm，花为中晚花期。花深黑红色，花喉黄色，花型较规整反卷型，花径12cm，花瓣宽3.1cm，花萼宽1.7cm，花瓣细长，表面有绒质感，花瓣向外翻卷，边缘稍褶皱，花纹明显，中肋颜色稍浅。花莛高65cm，单芽平均花莛0.7支，单花莛花量平均19朵。

‘葡萄紫’萱草

H.'Grape Velvet'

二倍体植株。成年植株高约57cm，冠幅约40cm，繁殖系数为2.1，叶子绿色，为规则扇形排列，叶宽2.5cm，花为中花期。花黑紫色，花喉绿色，花型外卷呈三角形，花径10cm，花瓣宽4cm，花萼宽2.5cm，花瓣长椭圆形，有绒质感，向外翻卷，花瓣边缘稍褶皱，花纹明显，颜色稍深，中肋突出，颜色稍浅。花莛高60cm，单芽平均花莛0.8支，单花莛花量平均12.4朵。

‘巧克力糖果’萱草

H.'Chocalate Candy'

成年植株高约40cm，冠幅约70cm，繁殖系数为2.9，叶子绿色，为规则扇形排列，叶宽2.5cm，花为中花期。花是有绒质感的黑红色，花喉黄色，花平展开张，花型规整，花径12cm，花瓣宽3cm，花萼宽2cm，花瓣长椭圆形，边缘无褶皱，中肋颜色稍浅。花莛高60cm，单芽平均花莛1支，单花莛花量平均10朵。

‘小龙’萱草

H.'Baby Dragon'

四倍体植株。成年植株高约50cm，冠幅约60cm，叶子规则排列，边缘波浪状褶皱，花为早花期。花深红色，花喉黄绿色，带有不明显的深红色眼斑，花外卷，花径16cm，花瓣宽5cm，花萼宽3cm，花瓣椭圆形，翻卷扭曲，边缘褶皱较大，花纹为深红色。花莛高70cm，单花莛花量19朵。

‘黑色闪电’萱草

H.'Black Lightning'

四倍体植株。成年植株高约40cm，冠幅约50cm，叶子规则排列，叶缘稍扭曲，花为早花期。花黑红色，花喉绿色面积大，花型外翻卷呈三角形，花径17cm，花瓣宽5.5cm，花萼宽3cm，花瓣尖椭圆形，边缘褶皱大且平缓。花莛高65cm，单花莛花量15朵。

‘黑色机会’萱草

H.'Royal Occasion'

二倍体植株。成年植株高约40cm，冠幅约50cm，叶脉较深，叶沿叶脉向内折，边缘扭曲，花为中花期，二次花品种。花深红色，花喉绿色，花型外卷近圆形，花径11.5cm，花瓣宽6cm，花萼宽3.5cm，花瓣近圆形，边缘褶皱整齐密集，花纹黑红色。花莛高50cm，单花莛花量15朵。

‘快乐的苹果’萱草

H.'Happy Apple'

二倍体植株。成年植株高约40cm，冠幅约45cm，繁殖系数为1.4，花为中花期。花黑红色，花喉黄色，花瓣向外翻卷，花型不规整，花径15cm，花瓣宽4cm，花萼宽2.1cm，花瓣细椭圆形，花瓣上部稍褶皱，花纹和中肋明显。花莛高55cm，单芽平均花莛0.8支，单花莛花量平均12朵。

红色单瓣萱草

‘秋红’萱草

H.'Autumn Red'

二倍体植株。成年植株高约45cm，冠幅约60cm，繁殖系数为2.4，叶黄绿色，宽约1.5cm， 花为中花期。花红色，花喉黄色，花瓣向外翻卷，花型规整，花径11cm，花瓣宽3cm，花萼宽2cm，花瓣为细椭圆形，边缘稍有褶皱，花纹明显，中肋黄色。花莛高为50cm，单芽平均花莛0.9支，单花莛花量平均为20朵。

‘樱桃颊’萱草

H.'Cherry Cheeks'

四倍体植株。成年植株高约45cm，冠幅约70cm，繁殖系数为1.5，叶宽约3cm，花为中花期。花玫红色，花喉黄色，花型外卷，花径16cm，花瓣宽4.5cm，花萼宽2.5cm，花瓣椭圆形，向外翻卷，顶端稍尖，花纹和中肋明显。花莛高为50cm，单芽平均花莛为0.8支，单花莛花量平均13朵。

‘克莱之夜’萱草

H.'Evelyn Claar'

二倍体植株。成年植株高约40cm，冠幅约50cm，繁殖系数为2，叶宽约2.1cm，花为中早花期。花粉红色，花喉绿色，花喉上部有稍深色的眼斑，花呈星型，花径10cm，花瓣宽3.5cm，花萼宽2cm，花瓣长椭圆形，边缘褶皱，花纹明显，颜色稍深，中肋近白色。花莛高为50cm，单芽平均花莛0.6支，单花莛花量平均14朵。

‘摩洛哥红’萱草

H.'Marocco Red'

二倍体植株。成年植株高40～50cm，冠幅约60cm，繁殖系数为1.9，花为中花期。花红色，花喉绿色，带有黑红色不明显的眼斑，花瓣稍外卷呈星型，花径12cm，花瓣宽2.3cm，花萼宽1.6cm，花瓣细长，顶端扭曲，边缘褶皱，花纹非常明显，中肋突出，花瓣表面有绒质感。花莛高60cm，单芽平均花莛0.6支，单花莛花量平均13.5朵。

‘粉缎’萱草

H.'Pink Damask'

二倍体植株。成年植株高约40cm，冠幅约70cm，繁殖系数为2.7，叶宽约2cm，花为中花期，二次花品种。花砖红色，花喉黄色，花星型，花径14cm，花瓣宽2.5cm，花萼宽2cm，花瓣为长椭圆形，顶端扭曲，边缘褶皱，花纹和中肋明显。花莛高为80cm，单芽平均花莛1.1支，花莛花量平均为13.4朵。

‘红酒’萱草

H.'Red Rum'

二倍体植株。成年植株高约60cm，冠幅约65cm，繁殖系数为3.2，叶宽约2.8cm，花为极早花期。花酒红色，花喉黄绿色，花平展近圆形，花径11cm，花瓣宽5cm，花萼宽3.9cm，花瓣椭圆形，边缘稍褶皱，花纹明显，中肋近白色。花莛高为70cm，单芽平均花莛0.8支，单花莛花量平均31.2朵。

‘阿黛尔红’萱草

H.'Alan Adair'

四倍体植株。成年植株高约50cm，冠幅约66cm，繁殖系数为2.5，叶子绿色，为规则扇形排列，叶宽3cm，花为极晚花期。花为有绒质光泽的红色，花喉黄绿色，花开张度小，呈喇叭形，花径10cm，花瓣宽5cm，花萼宽3cm，花瓣椭圆形，花瓣边缘有褶皱，质地肥厚。花莛高75cm，单芽平均花莛0.8支，单花莛花量平均16.4朵。

‘红色诱惑’萱草

H.'Red Seductress'

四倍体植株。成年植株高约50cm，冠幅约65cm，繁殖系数为1.7，叶子绿色，为不规则扇形排列，叶宽3.8cm，花为中花期。花红色，花喉绿色，花型平展规整，花径14cm，花瓣宽6cm，花萼宽3.6cm，花瓣椭圆形，稍向外翻卷，边缘褶皱，花纹和中肋明显，质地肥厚。花莛高62cm，单芽平均花莛1支，单花莛花量平均21.4朵。

‘惊红’萱草

H.'Spacecoast Starburst'

四倍体植株。成年植株高约67cm，冠幅约77cm，繁殖系数为1.9，叶子绿色，为规则扇形排列，叶宽3cm，花为中晚花期。花紫红色，花萼比花瓣颜色稍浅，花喉绿色，花瓣带有黄色的齿状镶边，花型平展开张，花型较规整，花径15cm，花瓣宽5cm，花萼宽3.5cm，花瓣长椭圆形，花纹明显，中肋颜色稍浅，花瓣质地肥厚。花莛高70cm，单芽平均花莛0.9支，单花莛花量平均13.4朵。

‘橘灯’萱草

H.'Blazing Lamp Sticks'

四倍体植株。成年植株高约42cm，冠幅约80cm，叶子绿色，为较规则的扇形排列，叶宽3.3cm，花为中花期。花亮橘红色，花喉黄绿色，花喉上部有深色的眼斑，花型外卷规整，花径15cm，花瓣宽4cm，花萼宽2.6cm，花瓣椭圆形，边缘稍褶皱，花纹和中肋明显，花瓣质地肥厚。花葶高100cm，单芽平均花葶0.4支，单花葶花量平均28朵。

‘红卫士’萱草

H.'Red Peacemaker'

四倍体植株。成年植株高约65cm，冠幅约75cm，繁殖系数为2.6，叶子绿色，为不规则扇形排列，叶宽4.7cm，花为中花期。花石榴红色，花瓣近圆形，花瓣边缘有细细的白色镶边，花型平展，花筒较长，花径15cm，花瓣宽5.8cm，花萼宽4.2cm，花瓣椭圆形，稍向外翻卷，边缘褶皱，花瓣质地肥厚。花葶高85cm，单芽平均花葶0.4支，单花葶花量平均24朵。

‘红酋长’萱草

H.'All American Chief'

四倍体植株。成年植株高约70cm，冠幅约70cm，繁殖系数为2.5，叶子黄绿色，为规则扇形排列，叶宽4.2cm，花为中花期。花为有绒质感的石榴红色，花喉绿色，花型外卷呈圆形，花径15cm，花瓣宽5.5cm，花萼宽3.6cm，花瓣椭圆形，向外翻卷，边缘稍褶皱，花纹和中肋明显，花瓣质地肥厚。花莛高88cm，单芽平均花莛0.6支，单花莛花量平均25.4朵。

‘土著舞’萱草

H.'Apache War Dance'

四倍体植株。成年植株高约50cm，冠幅约60cm，繁殖系数为3.3，叶子绿色，为规则扇形排列，叶宽2cm，花为中花期。花猩红色，花喉黄绿色，花喉上部有深红色眼斑，花瓣带有不规则黄色镶边，花型开张外卷，花径12cm，花瓣宽5cm，花萼宽3.5cm，花瓣椭圆形，花瓣边缘褶皱，花纹明显，中肋突出，颜色稍浅，质地肥厚，花萼向外翻卷。花莛高60cm，单芽平均花莛0.8支，单花莛花量平均7朵。

‘汤姆红’萱草

H.'Joune Tom'

成年植株高约43cm，冠幅约60cm，繁殖系数为2，叶子绿色，为规则扇形排列，叶宽3cm，花为中早花期。花艳红色，花喉绿色，非常醒目，花喉上部有颜色稍浅的水印，花型平展规整近圆形，花径11.5cm，花瓣宽5cm，花萼宽3.1cm，花瓣椭圆形，边缘褶皱，中肋和花纹明显，花瓣质地肥厚。花莛高60cm，单芽平均花莛0.8支，单花莛花量平均20朵。

‘罗文红’萱草

H.'Lowenstine'

四倍体植株。成年植株高50cm，冠幅约60cm，繁殖系数为2.6，叶子绿色，为规则扇形排列，叶宽2.5cm，花为中花期。花红色，花喉绿色面积大，引人注意，花瓣间有缝隙，花型不规整，花径14cm，花瓣宽5cm，花萼宽2.5cm，花瓣长椭圆形，向外翻卷，花纹和中肋明显，质地肥厚。花莛高60cm，单芽平均花莛0.6支，单花莛花量平均6.5朵。

‘粉红塔’萱草

H.'Salmon Pagoda'

二倍体植株。成年植株高约90cm，冠幅约120cm，繁殖系数为4，叶子绿色，为规则扇形排列，叶宽2.5cm，花为中晚花期。花鲑红色，花喉黄绿色，花喇叭形，花径12cm，花瓣宽2.5cm，花萼宽1.5cm，花瓣细长，边缘稍褶皱，中肋黄绿色，非常明显。花莛高110cm，单芽平均花莛0.7支，单花莛花量平均20朵。

‘克隆红’萱草

H.'f rosea #3 Nesmith Clone'

成年植株高约65cm，冠幅约75cm，繁殖系数为2.8，叶子绿色，为规则扇形排列，叶宽2cm，花为中晚花期。花砖红色，花喉黄绿色，花外卷型，花型规整，花径13cm，花瓣宽3cm，花萼宽1.7cm，花瓣细长，花瓣边缘无褶皱，外翻较大，中肋黄绿色，非常明显。花莛高115cm，单芽平均花莛0.8支，单花莛花量平均18朵。

‘欧罗巴’萱草

H.'f europa'

二倍体植株。成年植株高约80cm，冠幅约90cm，繁殖系数为3.1，叶子绿色，为规则扇形排列，叶宽3.2cm，花为早花期。花橘红色，花喉黄色，花星型平展规整，花径12.5cm，花瓣宽3cm，花萼宽2cm，花瓣长椭圆形，花纹明显，颜色稍深，中肋黄色，明显，花瓣边缘稍褶皱。花莛高140cm，单芽平均花莛0.9支，单花莛花量平均29朵。

‘大苹果’萱草

H.'Big Apple'

二倍体植株。成年植株高约50cm，冠幅约60cm，繁殖系数为2.1，叶子绿色，为规则扇形排列，叶宽3cm，花为中花期。花鲜红色，花喉绿色，花型平展近圆形，花径14cm，花瓣宽6cm，花萼宽4cm，花瓣椭圆形，边缘褶皱较大，花瓣和萼片上均有不规则白色斑片，花纹和中肋明显。花莛高50cm，单芽平均花莛1支，单花莛花量平均12朵。

‘大红喇叭’萱草

H.'Broadmore Red'

四倍体植株。成年植株高约60cm，冠幅约80cm，繁殖系数为3.1，叶子绿色，为规则扇形排列，叶宽3cm，花为中花期。花绯红色，花喉绿色，花喉上面带有水印状环，花型平展规整，花径12cm，花瓣宽5cm，花萼宽3cm，花瓣椭圆形，边缘稍褶皱，花纹明显，中肋白色。花莛高75cm，单芽平均花莛0.8支，单花莛花量平均14.2朵。

‘橘房子’萱草

H.'House of Orange'

二倍体植株。成年植株高约55cm，冠幅约70cm，繁殖系数为2.9，叶子绿色，为规则扇形排列，叶宽3.8cm，花为中花期。花橘红色，花喉黄色，花型平展开张，花径14cm，花瓣宽7cm，花萼宽5cm，花瓣椭圆形，边缘褶皱，中肋突出，颜色稍浅。花莛高70cm，单芽平均花莛0.9支，单花莛花量平均10.6朵。

‘旧玫瑰’萱草

H.'Secondhand Rose'

四倍体植株。成年植株高约60cm，冠幅约80cm，繁殖系数为3，叶子绿色，为规则扇形排列，叶宽2.5cm，花为中花期。花玫瑰红色，花喉黄绿色，花喉上部有稍浅色水印，花瓣平展规整，花径16cm，花瓣宽5cm，花萼宽3cm，花瓣椭圆形，边缘褶皱，中肋白色，花纹明显。花莛高75cm，单芽平均花莛1支，单花莛花量平均20朵。

‘三钻石’萱草

H.'Three Diamonds'

二倍体植株。成年植株高约60cm，冠幅约80cm，繁殖系数为2.5，叶子绿色，为规则扇形排列，叶宽4cm，花为中花期。花猩红色，花喉绿色，花喉面积大，非常醒目，花型稍外卷，花径12cm，花瓣宽5cm，花萼宽3.5cm，花瓣椭圆形，边缘稍褶皱，花纹和中肋明显。花莛高75cm，单芽平均花莛0.6支，单花莛花量平均10朵。

‘澳洲红’萱草

H.'Anzac'

二倍体植株。成年植株高约55cm，冠幅约65cm，繁殖系数为2.5，叶子绿色，为规则扇形排列，叶宽3.3cm，花为中花期。花深红色，花喉黄绿色，花喇叭形不规整，花径13cm，花瓣宽4.7cm，花萼宽3.4cm，花瓣长椭圆形，花瓣边缘褶皱，顶端稍扭曲，中肋和花纹明显。花莛高75cm，单芽平均花莛1支，单花莛花量平均20朵。

‘阿帕契红’萱草

H.'Chicago Apache'

四倍体植株。成年植株高约50cm，冠幅约80cm，繁殖系数为3.8，叶子绿色，为规则扇形排列，叶宽3.5cm，花为中早花期。花暗红色，花喉黄绿色，花开张度小，喇叭形不规整，花径13cm，花瓣宽5cm，花萼宽3cm，花瓣椭圆形，花瓣边缘稍褶皱，中肋颜色浅。花莛高60cm，单芽平均花莛0.5支，单花莛花量平均13朵。

‘热情恋人’萱草

H.'Red Hot Love'

四倍体植株。成年植株高约40cm，冠幅约50cm，叶细长，为规则扇形排列，花为早花期。花红色，花喉绿色面积大，花开张度小，呈喇叭形，花径14cm，花瓣宽6cm，花萼宽4cm，花瓣尖椭圆形，边缘褶皱，花纹黑红色。花葶高50cm，单花葶花量10朵。

‘问候’萱草

H.'Elegant Greeting'

二倍体植株。成年植株高55～60cm，冠幅约80cm，繁殖系数为2.1，叶宽约3cm，花为中花期。花橘红色，花喉黄绿色，花喉上部有稍深红色眼斑，花萼向外翻卷，花为三角形，花径15cm，花瓣宽6cm，花萼宽3cm，花瓣为长椭圆形，边缘有褶皱，中肋黄色，非常明显。花葶高为70cm，单芽平均花葶0.5支，单花葶花量平均33朵。

‘威斯红衣主教’萱草

H.'Kardynal Wyszinski'

四倍体植株。成年植株高约40cm，冠幅约60cm，繁殖系数为1.6，叶宽约1cm，花为中花期。花红色，花喉黄色，花型较松散喇叭形，花径12cm，花瓣宽2.3cm，花萼宽1.7cm，花瓣为尖椭圆形，花瓣扭曲，花瓣有绒质感，边缘稍有褶皱，花纹明显，颜色稍深。花莛高为60cm，单芽平均花莛0.7支，单花莛花量平均13.7朵。

‘强权人物’萱草

H.'Mighty Mogul'

四倍体植株。成年植株高75～85cm，冠幅约60cm，繁殖系数为2，花为中花期。花深红色，花喉黄色，花瓣细长，呈星型，花径13cm，花瓣宽3.1cm，花萼宽2.2cm，花瓣为长椭圆形，边缘稍上翻，花纹明显，中肋突出，黄色。单芽平均花莛1支，单花莛花量平均7.5朵。

‘耐容玫瑰’萱草

H.'Neyron Rose'

二倍体植株。成年植株高约70cm，冠幅约90cm，繁殖系数为2.1，叶宽约2cm，花为中早花期。花红色，花萼颜色稍浅，花喉绿色，花型稍外卷呈三角形，花径13cm，花瓣宽3.5cm，花萼宽2cm，花瓣为长椭圆形，边缘近无褶皱，花纹和中肋明显，中肋黄色。花莛高为100cm，单芽平均花莛1支，单花莛花量平均30朵，花量大。

‘东方红宝石’萱草

H.'Oriental Ruby'

二倍体植株。成年植株高约60cm，冠幅约60cm，繁殖系数为2，花为中早花期。花洋红色，花喉绿色，花径14cm，花瓣宽4cm，花萼宽2.7cm，花为外卷型，花瓣细长，边缘褶皱，花纹明显，中肋突出。花莛高70cm，单芽平均花莛0.7支，单花莛花量平均为14.3朵。

‘罗斯威’萱草

H.'Roswitha Zipf'

成年植株高约60cm，冠幅约60cm，繁殖系数为1.5，叶宽约2.7cm，花为中早花期。花红色，花喉黄绿色，花为平盘型，花径14cm，花瓣宽3.9cm，花萼宽2.4cm，花瓣细椭圆形，顶端稍尖，花瓣排列松散，边缘褶皱，花纹明显，中肋颜色稍浅。花莛高86cm，单芽平均花莛0.8支，单花莛花量平均为11.4朵。

‘圣派垂克’萱草

H.'Sir Patrick Spens'

四倍体植株。成年植株高约45cm，冠幅约50cm，繁殖系数为1.6，叶宽约1.5cm，花为中花期。花暗红色，花喉黄绿色，花瓣有细的黄色镶边，花型平展，花径12cm，花瓣宽3cm，花萼宽2cm，花瓣细椭圆形，边缘稍褶皱，花纹和中肋明显。花莛高为60cm，单芽平均花莛0.5支，单花莛花量平均为13朵。

‘我行我素’萱草

H.'My Ways'

二倍体植株。成年植株高约55cm，冠幅约60cm，繁殖系数为1.7，叶宽约2cm，花为中花期。花红色，花喉黄色，带有不明显稍深色的眼斑，花型开张呈三角形，花径12cm，花瓣宽3cm，花萼宽2cm，花瓣椭圆形，顶端稍尖，花瓣带有绒质感，边缘褶皱，花纹和中肋明显。花葶高为60cm，单芽平均花葶0.6支，单花葶花量平均10朵。

‘节日快乐’萱草

H.'Holiday Happiness'

二倍体植株。成年植株高约40cm，冠幅约70cm，繁殖系数为1.9，叶宽约2cm，花为中花期。花红色，花喉绿色，花瓣向外翻卷，呈三角形，花型不规整，花径15cm，花瓣宽5cm，花萼宽3.5cm，花瓣为长椭圆形，顶端尖，花瓣向外翻卷程度不同，花瓣表面有凹凸，边缘稍有褶皱，花纹明显，中肋突出，近白色。花葶高为55cm，单芽平均花葶0.9支，单花葶花量平均11朵。

‘反抗理由’萱草

H.'Rebel Cause'

二倍体植株。成年植株高约45cm，冠幅约60cm，繁殖系数为2，叶宽约2cm，花为中花期。花红色，花喉黄绿色，带有不明显眼斑，花型开张呈三角形，花径15cm，花瓣宽4cm，花萼宽2.5cm，花瓣长椭圆形，顶端尖，边缘稍褶皱，花纹明显，中肋突出。花莛高为70cm，单芽平均花莛0.9支，单花莛花量平均29朵。

‘好南茜’萱草

H.'Wally Nance III'

二倍体植株。成年植株高约40cm，冠幅约55cm，繁殖系数为1.6，花为中花期。花亮宝石红色，花喉绿色，花型平展开张不规整，花径14cm，花瓣宽5.5cm，花萼宽3.4cm，花瓣椭圆形，边缘褶皱，顶端尖并扭曲，花纹明显，花瓣肥厚并有绒质感，花纹和中肋明显。花莛高60cm，单芽平均花莛1支，单花莛花量平均为9.5朵。

‘红色完美’萱草

H.'Red Perfect'

二倍体植株。成年植株高约40cm，冠幅约80cm，繁殖系数为2.9，叶宽约3cm，花为中早花期。花红色，花瓣下部深红色，花喉黄绿色，花开张度小，喇叭形，花径12cm，花瓣宽4.5cm，花萼宽3cm，花瓣椭圆形，顶端尖，花瓣边缘稍褶皱，花瓣表面有绒质感，花纹和中肋明显。花莛高为60cm，单芽平均花莛0.3支，单花莛花量平均7朵。

‘山莓酒’萱草

H.'Raspberry Wine'

二倍体植株。成年植株高约60cm，冠幅约60cm，繁殖系数为1.8，花为中花期。花草莓红色，花喉黄绿色面积小，花型为外卷型，花径14cm，花瓣宽5.3cm，花萼宽3.4cm，花瓣为椭圆形，边缘褶皱密集，花纹和中肋明显。花莛高为80cm，单芽平均花莛1支，单花莛花量为9朵。

‘樱桃点’萱草

H.'Cherry Point'

二倍体植株。成年植株高约50cm，冠幅约70cm，繁殖系数为1.6，花为中花期。花樱桃红色，花喉黄绿色，花萼颜色稍浅，花型开张呈三角形，花型不规整，花径13cm，花瓣宽4.4cm，花萼宽2.4cm，花瓣椭圆形，花瓣和萼片均有不同程度的外翻和扭曲，边缘稍褶皱，花纹明显，中肋突出，白色。花莛高60cm，单芽平均花莛0.7支，单花莛花量平均10.5支。

‘波旁之子’萱草

H.'Bourbon Kids'

成年植株高约35cm，冠幅约56cm，繁殖系数为1.8，叶宽约2.3cm，叶呈不规则扇形排列，花为中早花期。花暗红色，花喉黄绿色，花瓣下部颜色稍深，花型规整呈三角形，花径13cm，花瓣宽4cm，花萼宽2cm，花瓣细椭圆形，排列较松散，稍向外翻卷，花纹明显，中肋颜色稍浅。花莛高55cm，单芽平均花莛0.7支，单花莛花量为10.8朵。

‘阿兰’萱草

H.'Alan'

二倍体植株。成年植株高约40cm，冠幅约70cm，繁殖系数为2.2，叶宽约2cm，花为中花期。花红色，花喉黄绿色，花瓣向外翻卷，花呈三角形，花径12cm，花瓣宽4.5cm，花萼宽2cm，花瓣椭圆形，边缘稍有褶皱，花纹明显，中肋颜色稍浅，花瓣有绒质感。花莛高为60cm，单芽平均花莛0.7支，单花莛花量11朵。

‘中央公园’萱草

H.'Central Park'

四倍体植株。成年植株高约40cm，冠幅约50cm，繁殖系数为1.9，花为中花期。花红色，花喉绿色，花外卷型，花径14cm，花瓣宽5cm，花萼宽2.9cm，花瓣长椭圆形，向外翻卷，花瓣表面凹凸，有深色斑片，边缘稍褶皱。花莛高55cm，单芽平均花莛0.9支，单花莛花量平均9.5朵。

‘道格拉斯’萱草

H.'Douglas Dale'

四倍体植株。成年植株高约60cm，冠幅约40cm，繁殖系数为1.4，叶宽约1cm，花为中花期。花红色，花喉绿色，花为外卷型，花径12cm，花瓣宽4cm，花萼宽2.5cm，花瓣为长椭圆形，边缘褶皱，花纹明显，中肋突出，颜色稍浅。花莛高为70cm，单芽平均花莛0.8支，单花莛花量平均6朵。

‘健壮利兰’萱草

H.'Lusty Lealand'

四倍体植株。成年植株高约40cm，冠幅约60cm，繁殖系数为2.3，叶宽约3cm，花为中花期。花红色，花喉黄绿色，花型平展稍向外翻卷，花径14cm，花瓣宽3.5cm，花萼宽2.5cm，花瓣椭圆形，顶端稍尖，花瓣有绒质感，边缘稍褶皱，花纹明显，中肋突出。花莛高为65cm，单芽平均花莛0.7支，单花莛花量平均17朵。

‘凯利’萱草

H.'Carey Quinn'

二倍体植株。成年植株高约40cm，冠幅约50cm，繁殖系数为2.3，花为中花期。花红色，花喉金黄色，花为外卷型，花瓣排列较松散，花径12cm，花瓣宽2.9cm，花萼宽2.1cm，花瓣长椭圆形，基部较窄，边缘褶皱，花纹明显。花莛高60cm，单芽平均花莛1.1支，单花莛花量平均10朵。

‘杜威’萱草

H.'Dewey Roquemore'

四倍体植株。成年植株高约35cm，冠幅约50cm，繁殖系数为1.4，叶宽约3cm，花为中花期。花暗红色，花喉绿色，花型平展近圆形，花径12.5cm，花瓣宽4cm，花萼宽2.5cm，花瓣椭圆形，边缘稍褶皱，隐约可见黄色镶边，中肋突出，花瓣表面有绒质感。花莛高为55cm，单芽平均花莛0.9支，单花莛花量平均为7朵。

‘北溪’萱草

H.'Northbrook'

成年植株高约45cm，冠幅约55cm，繁殖系数为1，花为中花期。花红色，花喉绿色，花瓣下部有不明显的深色眼斑，花型开张呈三角形，花径12cm，花瓣宽4.2cm，花萼宽2.7cm，花瓣椭圆形，顶端稍扭曲，花纹明显，中肋突出，颜色浅，花瓣带有绒质感。花莛高55cm，单芽平均花莛0.8支，单花莛花量平均12朵。

‘圣诞颂歌’萱草

H.'Christmas Carol'

二倍体植株。成年植株高60～70cm，冠幅约60cm，繁殖系数为2.1，花为中花期。花深红色，花喉绿色，花型外卷不规整，花径12.5cm，花瓣宽5cm，花萼宽2.8cm，花瓣为椭圆形，向外翻卷，边缘稍褶皱，花纹明显，中肋突出。花莛高为90cm，单芽平均花莛0.7支，单花莛花量平均为11朵。

‘心之王’萱草

H.'King of Hearts'

二倍体植株。成年植株高约50cm，冠幅约50cm，繁殖系数为1.8，叶宽约1.5cm，花为中花期。花深红色，花喉绿色，花瓣带有深红色眼斑，花型平展呈星型，花径13cm，花瓣宽3cm，花萼宽1.7cm，花瓣细长稍向外翻卷，花瓣边缘有褶皱，花纹明显。花莛高为70cm，单芽平均花莛0.5支，单花莛花量平均7朵。

‘杰伊’萱草

H.'Jay'

二倍体植株。成年植株高约40cm，冠幅约50cm，繁殖系数为2.3，叶宽约1.7cm，花为中花期。花玫瑰红色，花喉黄绿色，花瓣下部有深色的斑片，花型外卷，花径17cm，花瓣宽4cm，花萼宽2.5cm，花瓣椭圆形，边缘褶皱，花纹明显，中肋颜色稍浅。花莛高为55cm，单芽平均花莛0.8支，单花莛花量平均7朵。

‘你好’萱草

H.'Hey There'

四倍体植株。成年植株高约45cm，冠幅约60cm，繁殖系数为1.3，花为中花期。花红色，花喉黄绿色，花瓣有细的黄色镶边，花型平展，花径16cm，花瓣宽4.8cm，花萼宽2.2cm，花瓣细椭圆形，边缘褶皱，中肋突出。花莛高为65cm，单芽平均花莛1支，单花莛花量平均为8.5朵。

‘芝加哥之火’萱草

H.'Chicago Fire'

四倍体植株，成年植株高约50cm，冠幅约60cm，繁殖系数为1.8，花为中花期。花砖红色，花喉黄色，花型平展，花径15cm，花瓣宽5.2cm，花萼宽2.7cm，花瓣长椭圆形，边缘褶皱，中肋颜色稍浅，花纹明显。花莛高70cm，单芽平均花莛0.9支，单花莛花量平均12朵。

黄色单瓣萱草

‘荷兰美女’萱草

H.'Dutch Beauty'

成年植株高约45cm，冠幅约35cm，繁殖系数为1.8，叶宽约1.4cm，叶为不规则扇形排列，花为极早花期，二次花品种。花黄色，花喉黄色，花瓣顶端尖，花呈星型，花径11cm，花瓣宽3.4cm，花萼宽2cm，花瓣尖椭圆形，边缘无褶皱，花纹明显，质地较薄。花莛高55cm，单芽平均花莛1支，单花莛花量平均8朵。

‘超越’萱草

H.'Hyperion'

二倍体植株。成年植株高65～70cm，冠幅约60cm，繁殖系数为2，叶宽约3cm，规则扇形排列，叶缘稍褶皱，花为中早花期，花淡黄色，花喉绿色，花呈平盘型，花径14cm，花瓣宽4.5cm，花萼宽2.3cm，花瓣长椭圆形，顶部尖，稍扭曲，边缘近无褶皱，花纹明显。花莛高为95cm，单芽平均花莛0.9支，单花莛花量平均15.4朵。

‘迷登’萱草

H.× middendorffii

成年植株高约50cm，冠幅约55cm，繁殖系数为3.7，叶宽约1.3cm，叶不规则扇形排列，花为极早花期，二次花。花黄色，花喉黄色，花喇叭形，花径11cm，花瓣宽2.9cm，花萼宽1.7cm，花瓣细椭圆形，顶端较尖，边缘稍褶皱，花纹和中肋明显。花莛高80cm，单芽平均花莛1支，单花莛花量平均7.5朵。

‘比赛’萱草

H.'Bitsy'

二倍体植株。成年植株高约40cm，冠幅约60cm，繁殖系数为6.7，叶宽约1.8cm，叶黄绿色，花为中花期。花浅黄色，花喉黄色，花为外卷型，花径9cm，花瓣宽2cm，花萼宽1.4cm，花瓣椭圆形向外翻卷，边缘褶皱，花纹明显，中肋颜色稍浅。花莛高75cm，单芽平均花莛0.8支，单花莛花量平均16朵。

‘恩耐’萱草

H.'Eenie Weenie'

二倍体植株。成年植株高约50cm，冠幅约60cm，繁殖系数为1.5，叶宽约2.5cm，花为中早花期。花黄色，花喉绿色，花型平展，花径14cm，花瓣宽3.5cm，花萼宽2cm，花瓣为长椭圆形，向外翻卷稍扭曲，边缘褶皱，花纹明显。花莛高为70cm，单芽平均花莛1支，单花莛花量平均16朵。

‘玛丽’萱草

H.'Mary Todd'

四倍体植株。成年植株高约50cm，冠幅约55cm，繁殖系数为2.6，叶宽约3.1cm，花为中花期。花黄色，花喉黄绿色，花为外卷型，花径14cm，花瓣宽4.8cm，花萼宽2.5cm，花瓣为长椭圆形，向外翻卷，边缘褶皱密集，花纹和中肋明显，花瓣质地肥厚。花莛高65cm，单芽平均花莛0.8支，单花莛花量平均16朵。

‘比尔使团’萱草

H.'Mission Bells'

二倍体植株。成年植株高约55cm，冠幅约75cm，繁殖系数为1.7，叶宽约1cm，花为中花期。花黄色，花喉黄绿色，花为外卷型，花径12cm，花瓣宽3.5cm，花萼宽2cm，花瓣细椭圆形，向外翻卷，花瓣排列较松散，边缘褶皱较大。花莛高为90cm，单芽平均花莛0.8支，单花莛花量平均25.5朵。

‘徒步’萱草

H.'Walkabout'

四倍体植株。成年植株高约60cm，冠幅约75cm，繁殖系数为3.1，叶子绿色，为规则扇形排列，叶宽3.6cm，花为中花期。有香味。花明黄色，花喉绿色，花型平展呈圆形，花径12.5cm，花瓣宽6cm，花萼宽3.7cm，花瓣近圆形，边缘褶皱大且密集似花边，花纹和中肋明显。花莛高60cm，单芽平均花莛0.9支，单花莛花量平均为19朵。

‘欧黄’萱草

H.'Omomuki'

四倍体植株。成年植株高约75cm，冠幅约80cm，繁殖系数为2.2，叶子绿色，为规则扇形排列，叶宽3.7cm，花为中花期。花亮黄绿色，花喉绿色，花瓣向外翻卷呈圆形，花径15cm，花瓣宽7cm，花萼宽5cm，花瓣椭圆形，花瓣边缘褶皱较大并向外翻卷，花纹明显，中肋颜色稍浅，花瓣质地肥厚。花莛高75cm，单芽平均花莛1.1支，单花莛花量平均为27.4朵。

‘艾琳黄’萱草

H.'Erin Lea'

四倍体植株。成年植株高约70cm，冠幅约80cm，繁殖系数为2.7，叶子绿色，为规则扇形排列，叶宽3.2cm，花为中花期。花明黄色，花喉黄色，花平盘状，花径15cm，花瓣宽6cm，花萼宽4cm，花瓣椭圆形，花瓣边缘带有较密集的齿褶，花纹和中肋明显，质地肥厚。花莛高90cm，单芽平均花莛0.8支，单花莛花量平均为11朵。

‘皇帝陛下’萱草

H.'Supreme Empire'

成年植株高约40cm，冠幅约70cm，繁殖系数为1.8，叶子绿色，为规则扇形排列，叶宽3.5cm，花为中花期。花亮黄色，花喉绿色，花平盘状，花径13cm，花瓣宽6cm，花萼宽4.5cm，花瓣椭圆形，中肋凹陷，花瓣边缘有密集的褶皱，质地肥厚。花莛高60cm，单芽平均花莛0.9支，单花莛花量平均为14朵。

‘莫洛凯’萱草

H.'Molokai'

四倍体植株。成年植株高约60cm，冠幅约70cm，繁殖系数为2.2，叶子绿色，为规则扇形排列，叶宽2.8cm，花为中花期。花明黄色，花喉绿色，花型开张平盘状，花径18cm，花瓣宽5.7cm，花萼宽3.6cm，花瓣长椭圆形，边缘褶皱密集，花纹和中肋明显。花莛高65cm，单芽平均花莛0.8支，单花莛花量平均为9.2朵。

‘外星黄’萱草

H.'Alien'

二倍体植株。成年植株高约50cm，冠幅约60cm，繁殖系数为2，叶子绿色，为规则扇形排列，叶宽3cm，花为中花期。花奶油黄色，花喉绿色，花为外卷型，花型不规整，萼片多向外翻卷呈管状，花径14cm，花瓣宽4.8cm，花萼宽3cm，花瓣长椭圆形，边缘褶皱，花纹明显，中肋突出，近白色。花莛高80cm，单芽平均花莛1支，单花莛花量平均21.6朵。

‘黄塞顿’萱草

H.'Bonnie John Seton'

四倍体植株。成年植株高约55cm，冠幅约50cm，繁殖系数为2.4，叶子绿色，为不规则扇形排列，叶宽3.2cm，花为中花期。花淡黄色，花喉绿色，花型外卷，花径17cm，花瓣宽7cm，花萼宽4.6cm，花瓣长椭圆形，边缘褶皱较大，花瓣向外翻卷程度不同，花纹明显，中肋突出，近白色。花莛高60cm，单芽平均花莛0.7支，单花莛花量平均21.4朵。

‘香黄墨菲’萱草

H.'Elsbeth Murphy'

四倍体植株。成年植株高约70cm，冠幅约90cm，繁殖系数为3.1，叶子绿色，为规则扇形排列，叶宽5cm，花为中早花期，香气很浓。花含羞草黄色，花喉黄绿色，花型外卷较规整，花径17cm，花瓣宽5.5cm，花萼宽3.5cm，花瓣长椭圆形，花瓣边缘褶皱，花瓣质地肥厚，顶端扭曲，中肋颜色稍浅。花莛高75cm，单芽平均花莛1支，单花莛花量平均13.2朵。

‘黄三角’萱草

H.'Isosceles'

四倍体植株。成年植株高约55cm，冠幅约60cm，繁殖系数为1.9，叶子绿色，为规则扇形排列，叶宽3cm，花为中花期。花明黄色，花喉绿色，花型开张呈三角形，花径15cm，花瓣宽6.5cm，花萼宽3.5cm，花瓣椭圆形，边缘褶皱密集，花纹非常明显。花莛高70cm，单芽平均花莛1支，单花莛花量平均13朵。

‘柠檬皱’萱草

H.'Lemon Crinkles'

四倍体植株。成年植株高约60cm，冠幅约120cm，繁殖系数为3.3，叶子绿色，为较规则的扇形，叶宽2.5cm，花为中花期。花柠檬黄色，花喉绿色，花外卷型，花径12cm，花瓣宽5cm，花萼宽3.5cm，花瓣椭圆形，表面有凹凸，花瓣向外翻卷，边缘稍褶皱，中肋白色。花葶长55cm，花开在叶丛顶部并不高于叶丛，单芽平均花葶0.8支，单花葶花量平均12.4朵。

‘马茜黄’萱草

H.'Marci'

二倍体植株。成年植株高约25cm，冠幅约20cm，繁殖系数为2.1，叶子绿色，为规则扇形排列，叶宽2.5cm，花为中花期。花含羞草黄色，花喉绿色，花型开张近圆形，花型规整，花径9cm，花瓣宽4cm，花萼宽2.5cm，花瓣近圆形，边缘有整齐的褶皱，稍向外翻卷，中肋白色。花葶高55cm，单芽平均花葶0.8支，单花葶花量平均17朵。

‘山白’萱草

H.'Mont Blanc'

二倍体植株。成年植株高约60cm，冠幅约90cm，繁殖系数为2.2，叶子绿色，为规则扇形排列，叶宽3.1cm，花为中花期。花浅黄色，花喉绿色，花型开张呈三角形，花径17cm，花瓣宽5cm，花萼宽2.5cm，花瓣长椭圆形，顶端尖并扭曲，中肋颜色稍浅，边缘稍褶皱，花纹明显。花莛高90cm，单芽平均花莛1支，单花莛花量平均14朵。

‘婚礼之舞’萱草

H.'Wedding Dance'

二倍体植株。成年植株高约45cm，冠幅约40cm，繁殖系数为1.9，叶子绿色，为规则扇形，叶宽2.5cm，花为中花期。花杏黄色，花喉黄绿色，花瓣稍向外翻卷呈喇叭形，花径13cm，花瓣宽5cm，花萼宽3cm，花瓣椭圆形，边缘有规则的褶皱，中肋白色，花纹明显。花莛高50cm，单芽平均花莛1支，单花莛花量平均13.6朵。

‘傍晚黄花’萱草

H.'vespertina'

成年植株高约60cm，冠幅约100cm，繁殖系数为5.6，叶子绿色，为规则扇形排列，叶宽3cm，花为极晚花期。花柠檬黄色，喇叭形，花蕾很长但花开张度很小，花径4cm，花瓣宽2.5cm，花萼宽1.4cm，花瓣质地较薄。花莛高140cm，单芽平均花莛0.6支，单花莛花量平均15朵。

‘巴拿巴黄’萱草

H.'Barnabas'

四倍体植株。成年植株高约60cm，冠幅约60cm，繁殖系数为2，叶子绿色，为规则扇形排列，叶宽2.2cm，花为中早花期。花明黄色，花喉绿色，花型开张平盘状，花径18cm，花瓣宽6cm，花萼宽4.2cm，花瓣椭圆形，花瓣边缘褶皱，中肋突出，质地肥厚，花萼向外翻卷。花莛高65cm，单芽平均花莛0.9支，单花莛花量平均11.4朵。

‘典雅’萱草

H.'Siloam Amazing Grace'

二倍体植株。成年植株高约40cm，冠幅约70cm，繁殖系数为2.3，叶子绿色，为规则扇形排列，叶宽2.5cm，花为中花期。花明黄色，花喉绿色，花瓣向外翻卷呈圆形，花径11cm，花瓣宽6cm，花萼宽5cm，花瓣近圆形，花瓣边缘有褶皱，中肋白色，突出，花纹明显。花莛高60cm，单芽平均花莛0.6支，单花莛花量平均13朵。

‘桃黄’萱草

H.'Kwanso Peach'

成年植株高约55cm，冠幅约60cm，叶细长，边缘波浪状褶皱，花为中早花期。花黄色，花喉同色，花开张度小，呈喇叭形，花径15cm，花瓣宽3.5cm，花萼宽1.5cm，花瓣纸质，边缘褶皱，表面凹凸，香味浓。花莛高70cm，单花莛花量13朵。

‘旋转’萱草

H.'Telemark'

二倍体植株。成年植株高约35cm，冠幅约55cm，繁殖系数为1.1，叶宽约2.5cm，花为中花期。花鹅黄色，花喉绿色，花为外卷型，花径13cm，花瓣宽5cm，花萼宽2.5cm，花瓣顶端沿中肋向外翻卷，花瓣为椭圆形，表面有凹凸，中肋近白色。花莛高为70cm，单芽平均花莛1支，单花莛花量平均23朵。

‘歌星’萱草

H.'Songstar'

成年植株高约40cm，冠幅约60cm，繁殖系数为2.5，叶宽约1cm，花为中花期。花黄色，花喉绿色，花外卷型，花径11cm，花瓣宽3cm，花萼宽2cm，花瓣为长椭圆形，边缘稍有褶皱，中肋突出。花莛高为75cm，单芽花莛平均0.8支，单花莛花量平均17朵。

‘悬锤’萱草

H.'Netsuke'

二倍体植株。成年植株高约40cm，冠幅约55cm，繁殖系数为1.4，叶宽约2.1cm，花为极早花期，二次花品种。花奶油黄色，花喉绿色，花瓣向中肋翻卷，花呈三角形，花径10cm，花瓣宽4cm，花萼宽2.2cm，花瓣为椭圆形，向外翻卷，边缘褶皱，花纹明显，中肋突出，近白色。花莛高为68cm，单芽平均花莛2.9支，单花莛花量平均10.2朵。

‘金加’萱草

H.'Kinga'

四倍体植株。成年植株高约35cm，冠幅约50cm，繁殖系数为1.8，叶宽约3cm，花为中花期。花淡黄色，花喉橄榄色，花型开张平展，花径14cm，花瓣宽4.5cm，花萼宽2.5cm，花瓣为椭圆形，边缘褶皱，花瓣表面有凹凸，中肋明显。花莛高为65cm，单芽平均花莛0.7支，单花莛花量平均17朵。

‘魅力’萱草

H.'Fascination'

二倍体植株。成年植株高约55cm，冠幅约80cm，繁殖系数为1.1，叶宽约2cm，花为中花期。花黄色，花喉黄色，花瓣下部带有较细的红色眼斑，花开张度小，呈喇叭形，花径13cm，花瓣宽3.5cm，花萼宽2cm，花瓣顶端尖并稍扭曲，花瓣边缘稍褶皱。花莛高为70cm，单芽平均花莛0.7支，单花莛花量平均15朵。

‘隐秘财宝’萱草

H.'Buried Treasure'

二倍体植株。成年植株高约55cm，冠幅约60cm，繁殖系数为3.6，叶宽约2.6cm，叶为不规则扇形排列，花为中早花期，花非常香。花鹅黄色，花喉绿色且面积大，花型外卷，花径13.5cm，花瓣宽3cm，花萼宽1cm，花瓣椭圆形，表面有凹凸，花纹明显，中肋近白色。花莛高为100cm，单芽平均花莛0.7支，单花莛花量平均19.4朵。

‘无赖’萱草

H.'Ruffian'

二倍体植株。成年植株高约35cm，冠幅约50cm，繁殖系数为1.6，花为中花期。花黄绿色，花喉绿色面积较大，花型不规整，呈三角形，花径15cm，花瓣宽4.2cm，花萼宽2.6cm，花瓣为椭圆形，边缘褶皱，花纹明显，中肋近白色。花莛高为70cm，单芽平均花莛0.6支，单花莛花量平均9.3朵。

‘哈德逊河谷’萱草

H.'Hudson Valley'

四倍体植株。成年植株高约60cm，冠幅约80cm，繁殖系数为1.8，叶宽约2cm，花为中花期。花黄色，花喉绿色，花型开张稍向外翻卷，花径16cm，花瓣宽5cm，花萼宽3.5cm，花瓣为长椭圆形，花瓣顶端尖并稍扭曲，边缘有褶皱，花纹明显。花莛高为70cm，单芽平均花莛1.1支，单花莛花量平均16朵。

‘艾琳草原’萱草

H.'Erin Prarie'

二倍体植株。成年植株高约40cm，冠幅约80cm，繁殖系数为1.2，叶宽约2.5cm，花为中花期。花黄色，花喉绿色，花瓣带有淡淡的橘红色晕，花型平展开张，稍向外翻卷，花径15cm，花瓣宽4.8cm，花萼宽2.5cm，花瓣为长椭圆形，边缘褶皱，花纹明显。花莛高为50cm，单芽平均花莛0.8支，单花莛花量平均9朵。

‘卡西艾尔’萱草

H.'Carthell'

成年植株高约45cm，冠幅约55cm，繁殖系数为1.5，叶宽约2cm，花为中早花期。花黄色，花喉同色，花型开张平展，花径13cm，花瓣宽3.5cm，花萼宽2.5cm，花瓣椭圆形，顶部稍尖，表面有凹凸，边缘稍褶皱，花纹明显，中肋近白色。花莛高55cm，单芽平均花莛0.5支，单花莛花量平均7朵。

‘独立’萱草

H.'By Myself'

四倍体植株。成年植株高约60cm，冠幅约60cm，繁殖系数为1.2，花为中花期。花明黄色，花喉绿色，花型外卷，花径14cm，花瓣宽4.8cm，花萼宽2.6cm，花瓣为椭圆形，边缘褶皱，花纹非常明显。花莛高70cm，单芽平均花莛0.6支，单花莛花量平均12.5朵。

‘阿伦仙女’萱草

H.'Allenhurst Fairy'

二倍体植株。成年植株高约45cm，冠幅约60cm，繁殖系数为1.6，叶宽约2.1cm，规则扇形排列，花为中早花期。花浅黄色，花喉绿色，花外卷型，花径12cm，花瓣宽5cm，花萼宽3.5cm，花瓣为椭圆形，边缘稍褶皱，中肋和花纹非常明显。花莛高为64cm，单芽平均花莛09支，单花莛花量平均20朵。

‘德罗塔’萱草

H.'Dorota'

四倍体植株。成年植株高约40cm，冠幅约60cm，繁殖系数为1.5，叶宽约3cm，花为中花期。花黄色，花喉绿色，花型开张平展，花径13cm，花瓣宽5.5cm，花萼宽3.5cm，花瓣椭圆形，顶端稍向外翻卷，边缘褶皱，花纹和中肋明显。花莛高为60cm，单芽平均花莛0.7支，单花莛花量平均10朵。

‘银王’萱草

H.'Silver King'

二倍体植株。成年植株高约30cm，冠幅约90cm，繁殖系数为2.4，叶宽约3cm，花为中花期。花淡黄色，花喉绿色，花型开张呈三角形，花径15cm，花瓣宽4.5cm，花萼宽2.5cm，花瓣为尖椭圆形，排列松散，边缘稍褶皱。花莛高80cm，单芽平均花莛1支，单花莛花量平均13.4朵。

‘哈斯’萱草

H.'Hassie Garen'

成年植株高约50cm，冠幅约55cm，繁殖系数为3.2，花为中花期。花浅黄色，花喉绿色，花开张平展近三角形，花径15cm，花瓣宽4.2cm，花萼宽2.2cm，花瓣为长椭圆形，顶端尖并稍扭曲，边缘稍褶皱，花纹明显。花莛高60cm，单芽平均花莛0.7支，单花莛花量平均8朵。

‘珍贵溪流夫人’萱草

H.'Lady Preeious Stream'

二倍体植株。成年植株高约45cm，冠幅约55cm，繁殖系数为1.4，叶宽约3.1cm，叶缘扭曲，花为中早花期。花明黄色，花喉黄绿色，花型外卷不规整，花径13.5cm，花瓣宽6cm，花萼宽3.1cm，花瓣为椭圆形，表面凹凸，花瓣向外翻卷，边缘稍褶皱，中肋突出。花莛高67cm，单芽平均花莛0.7支，单花莛花量平均8.8朵。

‘克拉伦斯西蒙’萱草

H.'Clarence Simon'

二倍体植株。成年植株高约55cm，冠幅约90cm，繁殖系数为1.5，叶宽约2.5cm，花为中花期。花粉黄色，花喉绿色，花型开张呈三角形，花径13cm，花瓣宽5.5cm，花萼宽3.5cm，花瓣为椭圆形，顶端尖并稍扭曲，边缘褶皱，花纹和中肋明显。花葶高65cm，单芽平均花葶0.7支，单花葶花量平均14.3朵。

‘奥多娜’萱草

H.'Aldona'

四倍体植株。成年植株高约40cm，冠幅约70cm，繁殖系数为1.9，叶宽约1.5cm，花为中晚花期。花明黄色，花喉绿色，花型平展稍外翻，花径14cm，花瓣宽5cm，花萼宽3cm，花瓣椭圆形，顶端稍尖，边缘褶皱，花纹和中肋明显，花瓣质地肥厚。花葶高为60cm，单芽平均花葶0.7支，单花葶花量平均30朵。

‘克里斯蒂娜’萱草

H.'Krystyna'

四倍体植株。成年植株高约40cm，冠幅约80cm，繁殖系数为1.9，叶宽约2.2cm，花为中花期。花明黄色，花喉绿色，花型平展呈圆形，花径15cm，花瓣宽5cm，花萼宽2.8cm，花瓣椭圆形，边缘褶皱，花瓣稍向外翻卷，中肋和花纹明显。花莛高65cm，单芽平均花莛1.2支，单花莛花量平均11朵。

‘堪萨斯金黄’萱草

H.'Kansan Gold'

成年植株高约50cm，冠幅约55cm，繁殖系数为1.1，花为中花期。花金黄色，花喉绿色，花瓣扭曲，花呈外卷型，花径14cm，花瓣宽5cm，花萼宽2.6cm，花瓣椭圆形，顶端翻卷扭曲，花型不规整，边缘褶皱密集，像是镶嵌的花边，花纹和中肋非常明显。花莛高60cm，单芽平均花莛1支，单花莛花量平均11朵。

‘脆柠檬’萱草

H.'Lemon Crisp'

四倍体植株。成年植株高约65cm，冠幅约80cm，繁殖系数为1.7，叶宽约3.5cm，叶面不规则扇形排列，花为中早花期。花明黄色，花喉黄色，花型开张稍外卷型，花径15cm，花瓣宽5.2cm，花萼宽3.3cm，花瓣长椭圆形，边缘褶皱，中肋和花纹明显。花莛高为70cm，单芽平均花莛1支，单花莛花量平均21.4朵。

‘伊琳娜’萱草

H.'Irena'

四倍体植株。成年植株高约40cm，冠幅约80cm，繁殖系数为1.4，叶宽约3.2cm，花为中晚花期。花杏黄色，花喉黄绿色，花型开张近圆形，花径15cm，花瓣宽5cm，花萼宽2.5cm，花瓣椭圆形，顶端稍尖，边缘有褶皱，花纹明显，中肋近白色。花莛高90cm，单芽平均花莛1.2支，单花莛花量平均17.7朵。

橘色单瓣萱草

‘皱边安琪’萱草

H.'Angel Curls'

二倍体植株。成年植株高40～45 cm，冠幅约60cm，繁殖系数为1.9，叶宽约2.5cm，花为中花期。花浅橘黄色，花喉绿色，花型稍向外翻卷，花径12cmm，花瓣宽3.5cm，花萼宽2.5cm，花瓣长椭圆形，边缘褶皱似带有稍浅色的镶边，花瓣表面凹凸，花纹和中肋明显。花莛高为75cm，单芽花莛平均0.7支，单花莛花量平均11.6朵。

‘海贝雷’萱草

H.'Baley Hay'

成年植株高40～50cm，冠幅约60cm，繁殖系数为1.6，叶宽约2.5 cm，叶黄绿色，花为中花期。花橘黄色，花喉黄绿色，花瓣顶端尖，花呈星型，花径13cm，花瓣宽3.5cm，花萼宽2.5cm，花瓣长椭圆形，顶端急尖扭曲，边缘褶皱稍向外翻卷，中肋和花纹颜色明显稍深。花莛高为110cm，单芽平均花莛0.7支，单花莛花量平均12.6朵。

‘芝加哥罗比皇’萱草

H.'Chicago Royal Robe'

四倍体植株。成年植株高约45cm，冠幅约50cm，繁殖系数为2，叶宽约3.2cm，叶黄绿色，叶缘扭曲，花为中花期。花橘黄色，花喉绿色，花呈不规则的三角形，花径16cm，花瓣宽4.5cm，花萼宽2.5cm，花瓣为长椭圆形，边缘平滑，质地肥厚。花莛高为62cm，单芽平均花莛0.8支，单花莛花量平均12.2朵。

‘康东’萱草

H.'Gertrude Condon'

二倍体植株。成年植株高约45cm，冠幅约50cm，繁殖系数为1.7，叶宽约2cm，花为中花期。花橘黄色，花喉同色，花型平展，花径13cm，花瓣宽3.5cm，花萼宽2.5cm，花瓣为长椭圆形，边缘褶皱，花纹和中肋明显。花莛高为60cm，单芽平均花莛0.8支，单花莛花量平均7朵。

‘哈兴’萱草

H.'J.F. Hodskins'

二倍体植株。成年植株高约35cm，冠幅约70cm，繁殖系数为2.6，叶宽约3cm，花为中花期。花橘黄色，花喉同色，花型平展开张，花径15cm，花瓣宽4cm，花萼宽2.5cm，花瓣长椭圆形，顶端稍尖，边缘稍有褶皱。花莛高为65cm，单芽平均花莛1.2支，单花莛花量平均13朵。

‘杏波’萱草

H.'Ruffled Apricot'

四倍体植株。成年植株高约55cm，冠幅约70cm，繁殖系数为2，花为中花期。花橘黄色，花喉同色，花稍向外翻卷，花径19cm，花瓣宽5cm，花萼宽2.7cm，花瓣长椭圆形，边缘褶皱，顶端扭曲翻卷，中肋近白色。花莛高85cm，单芽平均花莛0.7支，单花莛花量平均10朵。

‘金子’萱草

H.'Smuggler's Gold'

成年植株高约70cm，冠幅约80cm，繁殖系数为2.7，叶子绿色，为规则扇形排列，叶宽4cm，花为中花期。花明黄色，花喉绿色，花瓣上部有砖红色不规则斑片，花型开张近圆形，花径16cm，花瓣宽7cm，花萼宽5.2cm，花瓣近圆形，边缘褶皱，花瓣质地肥厚，向外翻卷，中肋和花纹明显。花葶高70cm，单芽平均花葶0.9支，单花葶花量平均35.2朵。

‘古拉黄’萱草

H.'Goolagong'

四倍体植株。成年植株高约50cm，冠幅约68cm，繁殖系数为2，叶子绿色，为规则扇形排列，叶宽4cm，花为中花期。花橘黄色，花喉同色，花呈外卷型，花型规整，花径12cm，花瓣宽6cm，花萼宽4cm，花瓣椭圆形，表面有凹凸，边缘稍褶皱，中肋明显。花葶高70cm，单芽平均花葶0.9支，单花葶花量平均19朵。

‘远眺’萱草

H.'Vision Beyond'

二倍体植株。成年植株高约50cm，冠幅约50cm，繁殖系数为1.9，叶子绿色，为规则扇形排列，叶宽1.5cm，花为中晚花期。花杏色，花喉橘色，花瓣向外翻卷呈三角形，花径16cm，花瓣宽5cm，花萼宽3cm，花瓣细椭圆形，顶端尖，边缘无褶皱，向外翻卷稍扭曲，花纹明显，中肋近白色。花莛高60cm，单芽平均花莛0.8支，单花莛花量平均6朵。

‘火焰山’萱草

H.'Volcan Fuego'

二倍体植株。成年植株高约55cm，冠幅约90cm，繁殖系数为3.4，叶子绿色，为规则扇形排列，叶宽3cm。花橘色，花喉同色，花瓣表面有不规则的红色斑点，花喇叭形，花径12cm，花瓣宽3.5cm，花萼宽2.5cm，花瓣细长，边缘稍褶皱，顶端扭曲。单芽平均花莛0.6支，单花莛花量平均21朵。

‘多花’萱草

H.'Multiflora'

二倍体植株。成年植株高约70cm，冠幅约60cm，繁殖系数5.5。花橘黄色，花喉同色，花喇叭形，花径11cm，花瓣宽3.6cm，花萼宽1.9cm，花瓣长椭圆形，边缘稍褶皱，顶端稍向外翻卷。花莛高85cm，细长容易倒伏，单芽平均花莛0.6支，单花莛花量平均15朵。

‘好天气’萱草

H.'Glory Days'

四倍体植株。成年植株高约60cm，冠幅约80cm，繁殖系数为1.7，叶子绿色，为规则扇形排列，叶宽3.3cm。花金黄色，花喉同色，花瓣扭曲，花型开张，花径15cm，花瓣宽6cm，花萼宽4.5cm，花瓣椭圆形，边缘褶皱大且密集似花边，花瓣表面凹凸不平，中肋突出。花莛高60cm，单芽平均花莛1支，单花莛花量平均17朵。

‘日落黑格’萱草

H.'Sunset Hager'

成年植株高约55cm，冠幅约100cm，繁殖系数为2.6，叶子绿色，为规则扇形排列，叶宽4.5cm，花为中花期。花明黄色，花瓣边缘带有较宽的不太规则的橘红色斑片，花喉同色，花型外卷，花径17cm，花瓣宽7cm，花萼宽4cm，花瓣长椭圆形，向外翻卷，边缘褶皱，中肋和花纹明显，质地肥厚。花莛高80cm，单芽平均花莛1.6支，单花莛花量平均17朵。

‘伊丽莎白’萱草

H.'Elizabeth Salter'

四倍体植株。成年植株高约50cm，冠幅约60cm，繁殖系数为2.1，叶子绿色，为规则扇形排列，叶宽3.6cm，花为中花期。花橘粉色，花喉近同色，花型平展开张近圆形，花径14cm，花瓣宽6cm，花萼宽4.9cm，花瓣近圆形，边缘带有很规整的褶皱，中肋颜色稍浅，花纹明显，质地肥厚。花莛高55cm，单芽平均花莛0.9支，单花莛花量平均13.6朵。

‘莫娜劳’萱草

H.'Mauna Loa'

四倍体植株。成年植株高约50cm，冠幅约70cm，繁殖系数为2.5，叶子绿色，为规则扇形排列，叶宽3.1cm。花橘黄色，带有深红色的花纹，花喉绿色，花型外卷，花径12.5cm，花瓣宽4.7cm，花萼宽2.7cm，花瓣椭圆形，花瓣边缘褶皱密集，花型规整，中肋颜色稍浅，质地肥厚。花莛高75cm，单芽平均花莛1支，单花莛花量平均22.8朵。

‘希曼’萱草

H.'Heman'

四倍体植株。成年植株高约25cm，冠幅约30cm，植株较细弱，花为中晚花期。花为橘黄色的双重色，花萼颜色稍浅，花喉黄绿色，带有黄色齿状镶边，花瓣外卷呈三角形，花径16cm，花瓣宽5.2cm，花萼宽3cm，花瓣长椭圆形，花瓣颜色不均匀。花莛高40cm，单花莛花量2朵。

‘晚夏’萱草

H.'Late Summer'

二倍体植株。成年植株高约60cm，冠幅约70cm，繁殖系数为1.6，花为中花期。花浅橘黄色，花喉绿色，花型外卷，花径12cm，花瓣宽3.2cm，花萼宽2.1cm，花瓣细椭圆形，边缘褶皱，顶端扭曲，中肋颜色稍浅。花莛高75cm，单芽平均花莛0.8支，单花莛花量平均10朵。

‘勒纳特’萱草

H.'Renata'

四倍体植株。成年植株高约40cm，冠幅约55cm，繁殖系数为1.1，花为中早花期，二次花品种。花为橘黄色，花喉绿色，花瓣向外翻卷，花呈外卷型，花径14cm，花瓣宽5.5cm，花萼宽3.2cm，花瓣为长椭圆形，边缘稍褶皱，花纹明显，中肋颜色稍浅。花莛高为70cm，单芽平均花莛1.4支，单花莛花量平均31朵。

‘薄暮祈祷’萱草

H.'Vesper Prayer'

四倍体植株。成年植株高约50cm，冠幅约25cm，繁殖系数为2.3，叶宽约2.5cm，花为中花期。花橘黄色，花喉黄绿色，花呈喇叭形，花径14cm，花瓣宽4cm，花萼宽3cm，花瓣为长椭圆形稍外卷，边缘稍褶皱，中肋颜色稍浅。花莛高为55cm，单芽平均花莛0.5支，单花莛花量平均7朵。

‘薄纱’萱草

H.'Veiled Organdy'

四倍体植株。成年植株高约50cm，冠幅约70cm，繁殖系数为1.7，叶宽约1.5cm，花为中花期。花浅橘粉色，花喉颜色深，花型外卷，花径15cm，花瓣宽5cm，花萼宽3.5cm，花瓣为椭圆形，边缘有褶皱，中肋和花纹明显。花莛高为50cm，单芽平均花莛0.5支，单花莛花量平均13朵。

‘好家伙’萱草

H.'Great Scott'

二倍体植株。成年植株高约40cm，冠幅约80cm，繁殖系数为2.6，叶宽约3cm，花为中花期。花黄色，花瓣边缘带有大片橘红色斑片，花喉绿色，花型开张稍向外翻，花径12cm，花瓣宽4cm，花萼宽3cm，花瓣为椭圆形，边缘褶皱稍扭曲，叶面有凹凸，中肋明显。花莛高为80cm，单芽平均花莛0.6支，单花莛花量平均17支。

‘埃及香料’萱草

H.'Egyptian Spice'

四倍体植株。成年植株高约40cm，冠幅约80cm，繁殖系数为2.1，叶宽约1.5cm，花为中晚花期。花橘黄色，花喉绿色，花型稍向外翻卷，花径15cm，花瓣宽4.5cm，花萼宽2.5cm，花瓣为椭圆形，稍有褶皱，花瓣顶端稍扭曲并向外翻卷，中肋近白色。花莛细，花量大，易倒伏，花期要注意及时支撑，花莛高为60cm，单芽平均花莛0.7支，单花莛花量平均9朵。

‘安抚’萱草

H.'Pink Solace'

成年植株高约40cm，冠幅约55cm，繁殖系数为1.6，叶宽约2.9cm，花为中早花期。花橘红色，花喉黄绿色，花喉上部有深橘色环，花呈三角形不规整，花径14cm，花瓣宽5cm，花萼宽3.3cm，花瓣长椭圆形，表面有凹凸，边缘稍褶皱，花纹明显，中肋突出，近白色。花莛高为63cm，单芽平均花莛0.9支，单花莛花量平均20.8朵。

‘唐宁街’萱草

H.'Downing Street'

成年植株高约30cm，冠幅约70cm，繁殖系数为1.4，叶宽约2cm，花为中花期。花浅橘色，花喉橘红色，花呈喇叭形，花径15cm，花瓣宽4cm，花萼宽3cm，花瓣长椭圆形，顶端尖扭曲，边缘褶皱较大，中肋突出，颜色稍浅，花瓣质地薄。花莛高为40cm，单芽平均花莛0.9支，单花莛花量平均11朵。

‘斯洛维克’萱草

H.'Slowik'

二倍体植株。成年植株高约30cm，冠幅约60cm，繁殖系数为1.6，叶宽约1.5cm，花为中花期。花橘黄色，花喉颜色稍深，花开张度小，呈喇叭形，花径11cm，花瓣宽4cm，花萼宽3cm，花瓣尖椭圆形，边缘褶皱内翻，花瓣表面凹凸，中肋颜色浅。花莛高为50cm，单芽平均花莛0.5支，单花莛花量平均6朵。

‘维尼蒂亚阳光’萱草

H.'Venitian Sun'

四倍体植株。成年植株高约40cm，冠幅约50cm，繁殖系数为1.4，花为中花期。花橘红色，花喉黄绿色，花开张度较小，呈喇叭形，花径13cm，花瓣宽5.1cm，花萼宽3cm，花瓣椭圆形，边缘有整齐的褶皱，中肋颜色稍浅。花莛高50cm，单芽平均花莛0.8支，单花莛花量平均6.5朵。

‘远光’萱草

H.'Distant Glow'

二倍体植株。成年植株高约25cm，冠幅约60cm，繁殖系数为2，叶宽约3cm，花为中花期。花橘黄色，花喉同色，花型开张平展，花径约13cm，花瓣宽3.5cm，花萼宽2.5cm，花瓣椭圆形，边缘褶皱，中肋和花纹明显。花莛高60cm，单芽平均花莛0.8支，单花莛花量平均为8朵。

‘闪耀之星’萱草

H.'Brilliant Star'

二倍体植株。成年植株高约45cm，冠幅约50cm，繁殖系数为1.3，花为中花期，植株相对松散，分株容易。花橘红色，带有稍深色的眼斑，花喉黄绿色，花型开张呈星型，花径12cm，花瓣宽3.5cm，花萼宽2.6cm，花瓣细椭圆形，顶端稍扭曲，边缘稍褶皱，花纹明显。花莛高55cm，单芽平均花莛0.7支，单花莛花量平均8.5支。

‘胡萝卜头’萱草

H.'Carrot Top'

二倍体植株。成年植株高约70cm，冠幅约55cm，繁殖系数为1.4，花为中早花期。花橘黄色，花喉同色，花型稍外卷，花径15cm，花瓣宽5.2cm，花萼宽3.4cm，花瓣椭圆形，边缘稍褶皱，花瓣表面有凹凸，花纹明显，中肋突出，近白色。花莛高80cm，单芽平均花莛0.8支，单花莛花量平均10.4支。

‘破晓’萱草

H.'Dawnbreaker'

二倍体植株。成年植株高约30cm，冠幅约50cm，繁殖系数为1.8，叶宽约2cm，花为中花期。花橘粉色，花喉橘红色，花型扭曲外卷，花径15cm，花瓣宽4cm，花萼宽2.5cm，花瓣椭圆形，顶端稍尖，扭曲外翻，花瓣表面有凹凸，边缘褶皱，花纹和中肋明显。花莛高为40cm，单芽平均花莛0.7支，单花莛花量平均23朵。

‘海伦’萱草

H.'Helle Berlinerin'

四倍体植株。成年植株高约40cm，冠幅约60cm，繁殖系数为3.2，叶宽约2cm，花为中花期。花杏黄色，花喉黄绿色，花型为外卷型，花径14cm，花瓣宽5cm，花萼宽3cm，花瓣椭圆形，边缘褶皱，花纹明显，中肋颜色稍浅。花莛高为80cm，单芽平均花莛1支，单花莛花量为28朵。

‘特劳伯牧师’萱草

H.'Reverend Traub'

四倍体植株。成年植株高约55cm，冠幅约70cm，繁殖系数为2，叶宽约2.5cm，花为中花期。花橘色，花喉橘红色，花喇叭形，花径11cm，花瓣宽3cm，花萼宽2cm，花瓣为尖椭圆形，表面光滑，中肋颜色稍浅。花莛高为60cm，单芽平均花莛0.7支，单花莛花量平均10朵。

‘戒律’萱草

H.'Commandment'

四倍体植株。成年植株高约60cm，冠幅约60cm，繁殖系数为1.1，叶宽约2.5cm，花为中花期。花橘黄色，花喉黄绿色，花喉上部颜色稍深，花筒较长，花呈喇叭形，花径14cm，花瓣宽3.5cm，花萼宽3cm，花瓣为椭圆形，边缘褶皱，中肋明显，近白色。花莛高为70cm，单芽平均花莛1支，单花莛花量平均15朵。

‘绣花球’萱草

H.'Hortensia'

二倍体植株。成年植株高约55cm，冠幅约70cm，繁殖系数为1.9，叶宽约2.7cm，花为中花期。花橘黄色，花喉黄绿色，花型开展稍外卷，花径14cm，花瓣宽4.5cm，花萼宽2.5cm，花瓣椭圆形，顶端稍尖，边缘褶皱，表面有凹凸，花纹明显。花莛高为70cm，单芽平均花莛1支，单花莛花量平均7朵。

‘真正的澳洲人’萱草

H.'Dinkum Aussie'

四倍体植株。成年植株高约55cm，冠幅约60cm，繁殖系数为2.6，叶宽约2.7cm，花为中花期。花橘黄色，花喉黄绿色，花型开张平展，花径15cm，花瓣宽5.5cm，花萼宽3cm，花瓣为椭圆形，边缘褶皱，花纹明显，中肋突出，花瓣质地肥厚。花莛高为90cm，单芽平均花莛0.7支，单花莛花量平均11朵。

‘立伟’萱草

H.'Lech Walesa'

四倍体植株。成年植株高约45cm，冠幅约60cm，繁殖系数为1.2，叶宽约1.5cm，花为中花期。花橘黄色，花喉绿色，花型开张平展，花径14.5cm，花瓣宽5.5cm，花萼宽2.8cm，花瓣为椭圆形，顶端尖，扭曲，花纹明显，边缘稍有褶皱，中肋明显，颜色稍浅。花莛高为70cm，单芽平均花莛0.9支，单花莛花量平均11朵。

‘帕罗斯脊梁’萱草

H.'Parian Chine'

四倍体植株。成年植株高约60cm，冠幅约75cm，繁殖系数为1.8，花为中花期。花为浅橘黄色，花喉绿色，花型平展稍向外翻卷，花径15cm，花瓣宽5.7cm，花萼宽3cm，花瓣椭圆形，边缘平滑，花纹明显，中肋近白色。花莛高80cm，单芽平均花莛0.8支，单花莛花量平均12.5朵。

‘孟加拉’萱草

H.'Bengaleer'

四倍体植株。成年植株高约55cm，冠幅约70cm，繁殖系数为1.9，叶宽约3cm，花为中花期。花橘黄色，花喉同色，花型平展，花径13cm，花瓣宽5cm，花萼宽3cm，花瓣椭圆形，边缘褶皱细密整齐，花纹和中肋明显，中肋颜色稍浅。花莛高80cm，单芽平均花莛0.6支，单花莛花量平均13朵。

‘只为你’萱草

H.'Just for You'

二倍体植株。成年植株高约35cm，冠幅约50cm，繁殖系数为2，叶宽约2.5cm，规则扇形排列，叶缘扭曲，花为中花期。花浅杏黄色，花喉绿色，花型平展开张呈星型，花径14cm，花瓣宽5cm，花萼宽3.5cm，花瓣为椭圆形，边缘褶皱，花纹明显，中肋颜色浅。花莛高为60cm，单芽花莛平均0.5支，单花莛花量平均为21朵。

‘克里斯伍德安’萱草

H.'Crestwood Ann'

四倍体植株。成年植株高约30cm，冠幅约70cm，繁殖系数为2.2，叶宽约2cm，花为中花期。花橘粉色，花喉黄绿色，花开张度小，呈喇叭形，花径11cm，花瓣宽4cm，花萼宽2cm，花瓣为椭圆形，花纹明显，稍有褶皱，花瓣下部颜色稍深。花莛高为70cm，单芽平均花莛0.6支，单花莛花量平均17朵。

紫色单瓣萱草

‘紫泉’萱草

H.'Purple Waters'

二倍体植株。成年植株高约65cm，冠幅约70cm，繁殖系数为2.8，叶宽约1.5cm，黄绿色，花为中花期。花旧紫红色，花喉绿色，花瓣向外翻卷，花径12cm，花瓣宽2.5cm，花萼宽1.5cm，花瓣为长椭圆形，边缘有小的褶皱，花纹明显，中肋黄色，非常醒目。花莛高为80cm，单芽平均花莛0.7支，单花莛花量平均16朵。

‘波旁之王’萱草

H.'Bourbon King'

二倍体植株。成年植株高约35cm，冠幅约50cm，繁殖系数为2.5，叶宽约2cm，花为中花期。花紫色，花喉黄色，花瓣向外翻卷，花径11cm，花瓣宽3cm，花萼宽2cm，花瓣长椭圆形，顶端稍扭曲，边缘褶皱，花纹明显，中肋颜色稍浅。花莛高为50cm，单芽平均花莛0.7支，单花莛花量平均24朵。

‘皇太子’萱草

H.'Siloam Royal Prince'

二倍体植株。成年植株高约50cm，冠幅约55cm，繁殖系数为1.5，叶宽约2.6cm，叶黄绿相间，花为中早花期。花紫色，花喉绿色，花瓣向外翻卷近圆形，花径10cm，花瓣宽4.5cm，花萼宽3.4cm，花瓣近圆形，边缘褶皱整齐，花纹明显，颜色稍深，中肋近白色且宽。花莛高60cm，单芽平均花莛1.1支，单花莛花量平均30支。

‘盛夏红酒’萱草

H.'Summer Wine'

二倍体植株。成年植株高约40cm，冠幅约70cm，繁殖系数为2.8，叶宽约2.8cm，花为中花期。花紫色，花喉黄绿色，花型平展，花径13cm，花瓣宽5cm，花萼宽3cm，花瓣为尖椭圆形，顶端稍向外翻卷扭曲，边缘有褶皱，花纹明显，颜色稍深，中肋突出，近白色。花莛高为50cm，单芽平均花莛0.7支，单花莛花量平均13朵。

‘绝妙’萱草

H.'Vera Biaglow'

四倍体植株。成年植株高约50cm，冠幅约70cm，繁殖系数为3.1，叶子绿色，为不规则扇形排列，叶宽约3cm，花为中花期。花玫瑰粉色，花喉绿色，花型开张平展，花径13cm，花瓣宽5.3cm，花萼宽2.5cm，花瓣椭圆形，花瓣顶端尖，边缘褶皱，花纹明显，中肋颜色稍浅。花莛高70cm，单芽平均花莛0.7支，单花莛花量平均8朵。

‘诱惑’萱草

H.'Mephistopheles'

四倍体植株。成年植株高约65cm，冠幅约80cm，繁殖系数为2，叶脉稍黄，叶子绿色，为不规则扇形排列，叶宽3.6cm，花为中花期。花深紫色，花喉绿色，花型外卷，花径15cm，花瓣宽6.5cm，花萼宽3.5cm，花瓣近圆形，边缘褶皱密集整齐，花纹明显，中肋颜色稍浅。花莛高80cm，单芽平均花莛0.6支，单花莛花量平均14朵。

‘热夏’萱草

H.'Sultry Summer'

四倍体植株。成年植株高约70cm，冠幅约 80cm，繁殖系数为2，叶子绿色，为规则扇形排列，叶宽4.6cm，花为中花期。花紫红色，边缘有白色镶边，花喉绿色，花瓣向外翻卷呈圆形，花径15cm，花瓣宽6cm，花萼宽3.8cm，花瓣椭圆形，花瓣边缘褶皱，花纹明显，黑红色，花瓣质地肥厚。花莛高80cm，单芽平均花莛0.8支，单花莛花量平均21.2朵。

‘二次选择’萱草

H.'Fielders Choice'

四倍体植株。成年植株高约50cm，冠幅约70cm，繁殖系数为2，叶子绿色，为规则扇形排列，叶宽3cm，花为中早花期，二次花品种。花紫红色，花喉处黄色呈三角形，花喉上部带有深紫色的眼斑，花型平展开张较规整，花径13cm，花瓣宽5.5cm，花萼宽3.5cm，花瓣椭圆形，稍向外翻卷，边缘褶皱，花纹明显，颜色较深，花瓣质地肥厚。花莛高80cm，单芽平均花莛1.2支，单花莛花量平均10.4朵。

‘超级梦幻’萱草

H.'Super Magician'

四倍体植株。成年植株高约70cm，冠幅约70cm，繁殖系数为1.7，叶子绿色，为规则扇形排列，叶宽2.5cm，花为中花期，二次花品种。花紫色，花喉绿色，花瓣下部紫色渐浅，花型开张稍向外翻卷，花型规整，花径13cm，花瓣宽6cm，花萼宽4cm，花瓣椭圆形，花瓣边缘褶皱，花纹明显，中肋颜色稍浅，花瓣质地肥厚。花葶高55cm，单芽平均花葶1.4支，单花葶花量14.4朵。

‘湖光再现’萱草

H.'Lake Effect'

四倍体植株。成年植株高约50cm，冠幅约50cm，繁殖系数为2，叶子绿色，为规则扇形排列，叶宽3.6cm，花为中花期，二次花品种。花浅紫粉色，带有灰紫色的眼斑，花喉黄绿色，花型外卷，花径15cm，花瓣宽6cm，花萼宽3.8cm，花瓣椭圆形，边缘带有白色的齿，花纹和中肋明显，花纹颜色深。花葶高60cm，单芽平均花葶2.8支，单花葶花量24朵，花量非常大。

‘小丑挽歌’萱草

H.'Jester's Lament'

成年植株高约57cm，冠幅约60cm，繁殖系数为3.5，叶子绿色，为不规则扇形排列，叶宽3cm，花为中花期。花旧紫色，萼片比花瓣颜色浅，花喉绿色，花型平展呈星型，花径20cm，花瓣宽4cm，花萼宽2.5cm，花瓣细长稍向外翻卷，边缘近无褶皱，顶端尖，中肋近白色。花莛高80cm，单芽平均花莛0.6支，单花莛花量平均11.8朵。

‘堇色奢华’萱草

H.'Lavender Luxury'

二倍体植株。成年植株高约50cm，冠幅约70cm，繁殖系数为3，叶子绿色，为规则扇形排列，叶宽2cm，花为中晚花期。花紫粉色，花喉绿色，花型平展呈三角形，花径12cm，花瓣宽4.5cm，花萼宽3cm，花瓣椭圆形，边缘稍褶皱，花瓣表面有凹凸，花纹紫红色明显，中肋明显，颜色稍浅。花莛高65cm，单芽平均花莛0.9支，单花莛花量平均14朵。

‘风城气象’萱草

H.'Chicago Weathermaster'

四倍体植株。成年植株高约40cm，冠幅约55cm，繁殖系数为2.1，生长势较弱，叶子绿色，为规则扇形排列，叶宽2cm，花为中花期。花紫色，萼片颜色稍浅，花喉绿色，花型平展开张，花径12.5cm，花瓣宽5.5cm，花萼宽3.1cm，花瓣椭圆形，边缘褶皱整齐，花纹明显，颜色稍浅，中肋明显，近白色。花莛高70cm，单芽平均花莛0.7支，单花莛花量平均7朵。

‘诺顿之眼’萱草

H.'Norton Chartreuse Eyed'

成年植株高约45cm，冠幅约60cm，繁殖系数为2.1，叶子绿色，为规则扇形排列，叶宽2.5cm，花为中花期。花紫色，花喉绿色面积大，带有不明显的浅紫色的水印状眼斑，花开张度小，呈喇叭形，花径14cm，花瓣宽5cm，花萼宽3cm，花瓣椭圆形，边缘褶皱，花纹明显，中肋颜色稍浅。花莛高60cm，单芽平均花莛0.8支，单花莛花量平均14朵。

‘二次面对’萱草

H.'Nosferatu'

四倍体植株。成年植株高约50cm，冠幅约90cm，繁殖系数为2.4，叶子绿色，为规则扇形排列，叶宽2.5cm，花为中花期，二次花品种。花紫红色，花喉黄绿色，花型平展开张呈近圆形，花型规整，花径15cm，花瓣宽6cm，花萼宽4cm，花瓣近圆形，边缘褶皱，花纹和中肋明显，花瓣有绒质感，质地肥厚。花莛高70cm，单芽平均花莛1.1支，单花莛花量平均23朵，花量非常大。

‘支柱球’萱草

H.'Strutters Ball'

成年植株高约75cm，冠幅约80cm，繁殖系数为3.1，叶子绿色，为规则扇形排列，叶宽4.2cm，花为中花期，二次花品种。花紫红色，花瓣下部有细的稍浅色眼斑，花喉黄绿色，花型开张稍向外翻卷，花型规整，花径15cm，花瓣宽6cm，花萼宽4cm，花瓣椭圆形，边缘褶皱，花纹明显，中肋颜色稍浅。花莛高80cm，单芽平均花莛1.4支，单花莛花量平均16朵。

‘超级紫色’萱草

H.'Super Purple'

二倍体植株。成年植株高约60cm，冠幅约90cm，繁殖系数为2.3，叶子绿色，为规则扇形排列，叶宽2.5cm，花为中花期，二次花品种。花深紫色，花喉绿色，栽培中花瓣表面分布不规整的白色斑点，花型开张稍外卷，花径16cm，花瓣宽5.5cm，花萼宽3.5cm，花瓣椭圆形，边缘褶皱，花纹和中肋明显。花莛高75cm，单芽平均花莛1.2支，单花莛花量平均15.4朵。

‘贝拉’萱草

H.'Bela Lugosi'

四倍体植株。成年植株高约60cm，冠幅约60cm，繁殖系数为2.8，叶子绿色，为规则扇形排列，叶宽3.5cm，花为中花期。花紫色，花喉绿色，花型平展开张，规整，花径13cm，花瓣宽5.5cm，花萼宽3.5cm，花瓣椭圆形，顶端尖，边缘褶皱，花纹和中肋明显，花瓣质地肥厚。花莛高65cm，单芽平均花莛1支，单花莛花量平均22.2朵。

‘诱捕’萱草

H.'Entrapment'

二倍体植株。成年植株高约60cm，冠幅约75cm，繁殖系数为3.1，叶子绿色，为不规则扇形排列，叶中脉明显突起，叶宽3.3cm，花为中花期。花瓣紫色，花喉绿色，带有稍深色眼斑，花萼颜色稍浅，花型平展开张近圆形，花径13cm，花瓣宽4.5cm，花萼宽3cm，花瓣长椭圆形，边缘褶皱密集，花纹明显，中肋白色。花莛高72cm，单芽平均花莛1支，单花莛花量平均25朵。

‘巫师’萱草

H.'Her Majesty's Wizard'

成年植株高约50cm，冠幅约70cm，繁殖系数为1.6，叶子绿色，为较规则扇形排列，叶宽3.4cm，花为中花期。花紫色，花喉绿色，花瓣多带有不规则的白色斑点，带有水印状稍浅色眼斑，花瓣有细的黄色镶边，花型外卷，花径13cm，花瓣宽5cm，花萼宽3.4cm，花瓣椭圆形，边缘褶皱密集，花纹和中肋明显。花莛高70cm，单芽平均花莛1支，单花莛花量平均33.4朵。

‘紫色的梦’萱草

H.'Heavenly Lavender Dreams'

二倍体植株。成年植株高约40cm，冠幅约60cm，叶细长，为规则扇形排列，边缘波浪状褶皱，花为中花期。花紫罗兰双重色，花喉黄绿色，花为松散的三角形，花径19.5cm，花瓣宽5.5cm，花萼宽3cm，花瓣长椭圆形，顶端扭曲，边缘褶皱密集，带有不明显的细白色镶边，花纹和中肋明显。花莛高70cm，单花莛花量为11朵。

‘紫色滋润’萱草

H.'Lavender Tonic'

二倍体植株。成年植株高约35cm，冠幅约50cm，叶缘扭曲，花为早花期，二次花品种。花浅紫粉色，花喉黄绿色，花外卷近圆形，花径14cm，花瓣宽6cm，花萼宽4cm，花瓣椭圆形，边缘褶皱，花纹明显，颜色深，中肋近白色。花莛高40cm，单花莛花量18朵。

‘林缘狂想曲’萱草

H.'Woodside Rhapsody'

二倍体植株。成年植株高约40cm，冠幅约70cm，叶为规则扇形排列，花为中早花期。花紫色，花喉绿色，花瓣上带有较多的不规则白色斑点，花小，花外卷近圆形，花径11.5cm，花瓣宽5.5cm，花萼宽3cm，花瓣椭圆形，边缘褶皱较大，花纹明显。花莛高70cm，单花莛花量17朵。

‘小交易’萱草

H.'Little Business'

二倍体植株。成年植株高约20cm，冠幅约40cm，繁殖系数为1.4，叶宽约2cm，花为中花期。花紫红色，花喉绿色，花瓣边缘颜色稍浅，花型开张，花径10cm，花瓣宽3cm，花萼宽2cm，花瓣为尖椭圆形，边缘褶皱，花瓣顶端扭曲外卷，花纹明显。花莛高为30cm，单芽平均花莛0.5支，单花莛花量平均8朵。

‘少女’萱草

H.'Little Lassie'

二倍体植株。成年植株高约30cm，冠幅约80cm，繁殖系数为2.6，叶宽约2cm，花为中花期。花紫粉色，花喉绿色，花瓣下部颜色稍深，花型开张稍向外翻卷，花径11cm，花瓣宽3cm，花萼宽1.5cm，花瓣椭圆形，边缘稍褶皱，花纹和中肋非常明显。花葶高为70cm，单芽平均花葶0.7支，单花葶花量平均16朵。

‘奥里佛贝蕾’萱草

H.'Olive Bailey Langdon'

四倍体植株。成年植株高约50cm，冠幅约60cm，繁殖系数为2.2，叶宽约3.2cm，不规则扇形排列，花为早花期。花紫红色，花喉绿色，花瓣下部近花喉处颜色稍深，花萼外卷，花呈三角形，花径14cm，花瓣宽5cm，花萼宽3cm，花瓣为尖椭圆形，边缘褶皱，花纹明显，中肋近白色。花葶高70cm，单芽平均花葶0.8支，单花葶花量平均12朵。

‘玛蒂斯’萱草

H.'Mateus'

二倍体植株。成年植株高40～45cm，冠幅约60cm，繁殖系数为1.9，花为中花期。花紫红色，花喉金黄色，花瓣边缘有细细的白色镶边，花型平展开张，花径13cm，花瓣宽4.5cm，花萼宽3.1cm，花瓣椭圆形，顶端稍尖，扭曲，边缘稍褶皱，中肋颜色浅。花莛高55cm，单芽平均花莛0.7支，单花莛花量平均12.3朵。

‘皇家红宝石’萱草

H.'Royal Ruby'

二倍体植株。成年植株高约40cm，冠幅约60cm，繁殖系数为1.6，叶宽约2cm，花为中花期。花紫红色，花喉绿色，花型开张外卷，花径12cm，花瓣宽4cm，花萼宽2.5cm，花瓣椭圆形，边缘稍褶皱，边缘有细细的白色镶边，花纹和中肋明显。花莛高为45cm，单芽平均花莛0.7支，单花莛花量平均12朵。

蜘蛛型、蜘蛛型变型和独特花型萱草

最初开展育种工作时，可以利用的只有细长花瓣的萱草。在20世纪40年代大部分育种者都在努力培育较宽花瓣的萱草花时，一些育种者就开始关注细长花瓣的花，这样的花也越来越受到大家的喜爱，但直到90年代后才有更多的人致力于改善蜘蛛型花的花型。现代的蜘蛛花型花瓣和花萼都比原始的种更加细和长，这样的花看起来更像是蜘蛛，同时育种者也努力培育出了一系列的四倍体的更优美的蜘蛛型花。蜘蛛型花也变得越来越有趣，变得更大更细长，并带有新的性状，比如边缘带齿和卷须、有眼斑和镶边、水印、花瓣更加卷曲和扭转等。

人们越来越关注蜘蛛型花，许多花有细长的花瓣，但是它们是否足够细长而被归类为蜘蛛型花？为了解决这个疑问，美国萱草协会制定了蜘蛛型花和蜘蛛型变种的规定。花看起来像蜘蛛型，但不够细长的蜘蛛型被称为蜘蛛型变型，规定真正的蜘蛛型花瓣的长度与宽度的比例要达到5：1或更高。蜘蛛型变型花瓣的长度与宽度的比例至少达4：1以上，但不超过5：1。

另外一些萱草第一眼看上去像是蜘蛛型或蜘蛛型变型，但它们的花瓣比蜘蛛型花宽，而且花冠始终像是在“运动”着，这一类归到“独特花型”中。在这些有趣的独特花型下，美国萱草协会也定义了花型的名称，将独特花型的萱草分为三个类别：卷缩型、瀑布型和铲型。卷缩花型下又分为三类：捏卷型、扭曲型和羽毛管型。卷缩花型中的捏卷型，花冠有较锐利的折叠给人以捏折或折叠的效果；卷缩花型中的扭曲型花冠有螺旋状或轮旋的效果；卷缩花型中的羽毛型花冠沿着其长度方向自行翻卷形成管状而似羽毛管。瀑布型是指那些花有细长的花冠展现出狭长卷曲和瀑布状的花型而形似木刨花。铲型是指花瓣的末端明显的变宽，像是厨房用的铲子的形状。任何萱草花显示出一个或多个这样的特征都可以归类于独特花型，而不用归于正规分类的蜘蛛型或蜘蛛型变型中。

‘印地安姑娘’萱草

H.'Trahlyta'

二倍体植株。成年植株高约60cm，冠幅约80cm，繁殖系数为2.5，叶子黄绿相间，为规则扇形排列，叶宽3.2cm，花为中花期，偶尔会有多瓣型花出现。花旧紫色，花喉绿色，带有深紫色眼斑，花瓣扭曲，为独特花型的扭曲卷缩型，花径18cm，花瓣宽4.9cm，花萼宽3cm，花瓣长椭圆形，顶端扭曲翻卷，花纹明显，中肋近白色。花莛高80cm，单芽平均花莛0.8支，单花莛花量平均16.2朵。

‘紫蜘蛛’萱草

H.'Lake Norman Spider'

二倍体植株。成年植株高约45cm，冠幅约50cm，繁殖系数为2，叶子绿色，为规则扇形排列，叶宽3cm，花为中花期。花紫红色，花喉黄绿色，带有奶油粉色水印状眼斑，花型开张，为独特花型的捏卷卷缩型，花径17.5cm，花瓣宽4.6cm，花萼宽2.3cm，花瓣细长，向中肋外翻靠在一起，边缘稍褶皱，花纹和中肋明显。花莛高66cm，单芽平均花莛0.7支，单花莛花量15.6朵。

‘神豆藤’萱草

H.'Jack and the Beanstalk'

四倍体植株。成年植株高约70cm，冠幅约60cm，繁殖系数为2.6，叶子绿色，为不规则扇形排列，叶宽2cm，花为中花期。花金黄色，花喉绿色，花瓣扭曲，为独特花型的瀑布型，花径21cm，花瓣宽5.5cm，花萼宽3cm，花瓣细长，边缘稍褶皱，中肋突出。花莛高120cm，单芽平均花莛0.7支，单花莛花量平均13.2朵，花量较大花径大，花莛易倒伏，栽种密度大时花期需要支撑。

‘小丑睡袍’萱草

H.'Jester's Robe'

二倍体植株。成年植株高约40cm，冠幅约85cm，繁殖系数为2.4，叶子绿色，为规则扇形排列，花为晚花期，二次花品种。花砖红色，花喉黄绿色，带有三角形深红色的眼斑，花型为蜘蛛变型，花径15cm，花瓣宽3.8cm，花萼宽2.5cm，花瓣细长向外翻卷，边缘稍褶皱，花纹和中肋明显，中肋近白色。花莛高95cm，单芽平均花莛1.9支，单花莛花量平均25.6朵，花量大。

‘金象’萱草

H.'Gold Elephant'

二倍体植株。成年植株高约70cm，冠幅约70cm，繁殖系数为2，叶子绿色，为规则扇形排列，叶宽2.2cm，花为中花期。花明黄色，花喉绿色，花为独特花型的瀑布型，花径20cm，花瓣宽4.1cm，花萼宽2.7cm，花瓣细长，顶端扭曲且向中肋外翻呈捏卷型，边缘稍褶皱，质地较薄。花莛高120cm，单芽平均花莛0.7支，单花莛花量平均17朵，花量较大花径大，花莛易倒伏，栽种密度大时需要支撑。

‘怪物’萱草

H.'Monster'

四倍体植株。成年植株高约50cm，冠幅约80cm，繁殖系数为2.4，叶子绿色，为规则扇形排列，叶宽2.6cm，花为中花期。花黄色，花喉绿色，花瓣上部略带有红色斑片，花为独特花型的瀑布型，花径23cm，花瓣宽4.5cm，花萼宽3cm，花瓣细长椭圆形，顶端扭曲，边缘稍褶皱，花纹明显。花莛高70cm，单芽平均花莛0.8支，单花莛花量平均20朵。

‘哈里斯黄’萱草

H.'Gussie Harris'

二倍体植株。成年植株高约120cm，冠幅约40cm，繁殖系数为1.9，叶子绿色，为规则扇形排列，叶宽2.8cm，花为中花期。花金黄色，花喉绿色，花为独特花型的捏卷卷缩型，花径22cm，花瓣宽5cm，花萼宽3cm，花瓣细长，顶端捏卷型，边缘褶皱，花纹和中肋明显，花瓣质地较厚。花莛高125cm，单芽平均花莛0.7支，单花莛花量平均23朵。花量较大花径大，花期易倒伏，要注意支撑。

‘大黄鸟’萱草

H.'Big Bird'

四倍体植株。成年植株高约50cm，冠幅约77cm，繁殖系数为2.6，叶子绿色，为规则扇形排列，叶宽2.3cm，花为中花期。花黄色，花喉绿色，绿色扩张到花瓣下部，花为独特花型的扭曲卷缩型，花径20cm，花瓣宽6cm，花萼宽3.5cm，花瓣长椭圆形，边缘褶皱，花纹和中肋明显，质地肥厚。花莛高85cm，单芽平均花莛0.9支，单花莛花量平均17朵。

‘迷宫’萱草

H.'Diabolique'

二倍体植株。成年植株高约56cm，冠幅约70cm，繁殖系数为1.7，叶子绿色，为不规则扇形排列，叶宽3.4cm，花为中早花期。花紫色，花喉黄绿色，花为独特花型的扭曲卷缩型，花径19cm，花瓣宽4.9cm，花萼宽3cm，花瓣细椭圆形，顶端扭曲反卷，边缘褶皱，花纹非常明显，颜色稍深，中肋突出。单芽平均花莛0.9支，单花莛花量平均12朵。

‘黄色撤离’萱草

H.'Divertissment'

成年植株高约50cm，冠幅约70cm，繁殖系数为3，叶子绿色，为规则扇形排列，叶宽2cm，花为中花期。花明黄色，花喉绿色，带有淡红色不规则的眼斑，花为独特花型的扭曲卷缩型，花径20cm，花瓣宽3.5cm，花萼宽2cm，花瓣细长，上部扭曲稍褶皱，中肋突出，花瓣质地较薄。花莛高80cm，单芽平均花莛1支，单花莛花量平均8朵。

‘红色爆发’萱草

H.'Firestorm'

二倍体植株。成年植株高约40cm，冠幅约70cm，繁殖系数为2.6，叶子绿色，为规则扇形排列，叶宽2cm，花为中花期。有部分雄蕊瓣化现象。花红色，花喉橄榄绿色，花瓣有黄色镶边，花为独特花型的捏卷卷缩型，花径19cm，花瓣宽4cm，花萼宽2cm，花瓣细长，边缘稍褶皱，花萼扭曲，花纹明显，中肋突出。花莛高70cm，单芽平均花莛1支，单花莛花量平均12朵。

‘花园来客’萱草

H.'Garden Crawler'

成年植株高约60cm，冠幅约85cm，繁殖系数为3.6，叶子绿色，为不规则扇形排列，叶宽2.5cm，花为中花期。花橘红色，花喉绿色，带有深红色眼斑，花为蜘蛛型，花瓣长宽比例为5:1，花径24cm，花瓣宽3.2cm，花萼宽2.2cm，花瓣细长，边缘稍褶皱，中肋突出，黄色。花莛高100cm，单芽平均花莛0.9支，单花莛花量平均14朵。

‘兰花指’萱草

H.'Lady Fingers'

二倍体植株。成年植株高约55cm，冠幅约75cm，繁殖系数为2.5，叶子绿色，为规则扇形排列，叶宽2.6cm，花为中花期。花浅黄色，花喉绿色，并蔓延到花瓣下部，花为蜘蛛变型，花径23cm，花瓣宽3.3cm，花萼宽2.5cm，花瓣细长，长宽比例为4.8:1，顶端向外翻卷，边缘稍褶皱，花纹明显，花瓣质地较薄。花莛高100cm，单芽平均花莛1支，单花莛花量平均14.4朵。

‘巨蛇座’萱草

H.'Naulakha'

二倍体植株。成年植株高约60cm，冠幅约60cm，繁殖系数为2.9，叶子绿色，为不规则扇形排列，叶宽2.1cm，花为中花期。花淡黄色，花喉绿色，花为独特花型的扭曲卷缩型，花型松散，花径20cm，花瓣宽4.8cm，花萼宽2.4cm，花瓣细长，边缘褶皱，中肋白色，花瓣质地薄。花莛高90cm，单芽平均花莛0.8支，单花莛花量平均15.8朵。

‘紫王子’萱草

H.'Prince of Purple'

二倍体植株。成年植株高约60cm，冠幅约100cm，繁殖系数为4，叶子绿色，为规则扇形排列，叶宽2.5cm，花为中花期。花旧紫色，花喉绿色，带有深色眼斑，花为蜘蛛变型，花径16cm，花瓣宽3.4cm，花萼宽2.2cm，花瓣细长向外翻卷，边缘褶皱，花纹明显，中肋黄色。花莛高100cm，单芽平均花莛0.9支，单花莛花量平均15.4朵。

‘紫星’萱草

H.'Purple Satellite'

二倍体植株。成年植株高约50cm，冠幅约65cm，繁殖系数为2.5，叶子绿色，为扇形排列，叶宽1.8cm，花为中花期。花紫色，花喉绿色，带有蓝紫色眼斑，花为蜘蛛型，花瓣长宽比例近6:1，花径20cm，花瓣宽2.4cm，花萼宽2cm，花瓣细长向中肋翻卷形成羽毛管状，边缘稍褶皱，花纹和中肋明显。花莛高80cm，单芽平均花莛0.7支，单花莛花量平均8.4朵。

‘长腿蜘蛛’萱草

H.'Selma Longlegs'

二倍体植株。成年植株高约60cm，冠幅约60cm，繁殖系数为1.9，叶子绿色，为规则扇形排列，叶宽1.8cm，花为中花期。花橘黄色，花喉黄绿色，花瓣中部有不规则的砖红色花斑，花为独特花型的捏卷卷缩型，花径17cm，花瓣宽4cm，花萼宽2.5cm，花瓣细长，花瓣上部扭曲且向中肋外翻，边缘稍褶皱，花纹明显，中肋颜色稍浅。花葶高95cm，单芽平均花葶0.8支，单花葶花量平均19朵。

‘蜘蛛黄’萱草

H.'Spider Breeder'

二倍体植株。成年植株高约60cm，冠幅约90cm，繁殖系数为3.1，叶子绿色，为规则扇形排列，叶宽2cm，花为中早花期。花黄色，花喉绿色，花型为蜘蛛变型，花瓣长宽比例为4.8:1，花径18cm，花瓣宽3cm，花萼宽1.8cm，花瓣细长，边缘无褶皱，顶端扭曲，中肋近白色，花瓣质地较薄。花葶高110cm，单芽平均花葶1支，单花葶花量平均16.4朵。

‘奇蛛’萱草

H.'Spider Miracle'

二倍体植株。成年植株高约50cm，冠幅约40cm，繁殖系数为2.6，叶子绿色，为规则扇形排列，叶宽1.5cm，花为中晚花期。花黄绿色，花喉绿色，花为独特花型的铲型，花径19cm，花瓣宽3.2cm，花萼宽2cm，花瓣细长，边缘稍褶皱，花萼扭曲，花纹明显，中肋近白色。花莛高100cm，单芽平均花莛0.5支，单花莛花量平均15朵。

‘花园异类’萱草

H.'Aliens in the Garden'

四倍体植株。成年植株高约50cm，冠幅约60cm，叶子绿色，为规则扇形排列，叶宽3.4cm，花为中花期。花黑红色，花喉绿色面积大，花为独特花型的捏卷卷缩型，花径19.5cm，花瓣宽5cm，花萼宽3cm，花瓣长椭圆形，向外翻卷，边缘褶皱，质地肥厚。花莛高70cm，单花莛花量23朵。

‘黑龙’萱草

H.'Blackberry Dragon'

四倍体植株。成年植株高约35cm，冠幅约50cm，叶子规则排列，叶脉较深，叶基部边缘扭曲，花为中花期。花黑红色，花喉黄绿色，花为独特花型的扭曲卷缩型，花径20cm，花瓣宽6cm，花萼宽3.5cm，花瓣长椭圆形，边缘稍褶皱，部分花瓣带有白色镶边，花纹黑色，花瓣肥厚。花莛高75cm，单花莛花量为10朵。

‘美国船长’萱草

H.'Captain America'

二倍体植株。成年植株高约50cm，冠幅约50cm，叶规则排列，叶缘褶皱，花为中早花期。花黑红色，花喉绿色面积大，花为独特花型的瀑布型，不很规整，花径19cm，花瓣宽3cm，花萼宽2.5cm，花瓣细长，边缘较平滑。花莛高80cm，单花莛花量为20朵，花和花量大，极易倒伏。

‘追云者’萱草

H.'Cloud Chaser'

四倍体植株。成年植株高约60cm，冠幅约60cm，叶规则排列，稍宽，叶边缘波浪状褶皱，花为中早花期，二次花品种。花深紫色，花喉黄色，带有不明显的黑紫色眼斑，花为独特花型的捏卷卷缩型，花径23cm，花瓣宽4.8cm，花萼宽3.4cm，花瓣长椭圆形，顶端尖，边缘有密集的褶皱，花纹深色，中肋颜色稍浅，带有绒质光泽，有四瓣花出现。花莛高70cm，单花莛花量为17朵。

‘世界女皇’萱草

H.'Cosmo Queen'

四倍体植株。成年植株高约40cm，冠幅约60cm，叶为规则扇形排列，较宽，边缘稍褶皱，花为中花期。花橘黄色，花喉黄绿色，带有深红色较宽的眼斑，花为独特花型的瀑布型，花径19cm，花瓣宽6.2cm，花萼宽4.2cm，花瓣为长椭圆形，边缘稍褶皱。花莛高80cm，单花莛花量为11朵。

‘红色海盗’萱草

H.'Crimson Pirate'

二倍体植株。成年植株高约40cm，冠幅约50cm，叶不规则扇形排列，黄绿色，花为中花期。花红色，花喉绿色，花为蜘蛛变型，花径13cm，花瓣宽2.3cm，花萼宽1.8cm，花瓣细长，边缘褶皱，顶端扭曲，花纹颜色深。花莛高60cm，单花莛花量为14朵。

‘暗能’萱草

H.'Dark Energy'

二倍体植株。成年植株高约30cm，冠幅约50cm，叶较宽，规则扇形排列，边缘波浪状褶皱，花为中早花期。花黑红色，花喉橘黄色，带有近黑色的眼斑，花为独特花型的捏卷卷缩型和瀑布型混合状，花径17cm，花瓣宽4.5cm，花萼宽3cm，花瓣长椭圆形，边缘褶皱，花纹近黑色。花莛高70cm，单花莛花量为11朵。

‘电动蜥蜴’萱草

H.'Electric Lizard'

二倍体植株。成年植株高约45cm，冠幅约45cm，叶细长，为规则扇形排列，叶腋处有新植株长成，花为早花期，二次花品种。花土黄色，花喉绿色，带有宽大的紫红色眼斑，花为蜘蛛型，花径20cm，花瓣长宽比例为6：1，花瓣细长，边缘较平滑。花莛高50cm，单花莛花量8朵。

‘火驹’萱草

H.'Fire Horse'

四倍体植株。成年植株高约50cm，冠幅约60cm，叶为规则扇形排列，细长直立，花为中早花期。花洋红色，花喉绿色非常大，花为独特花型的捏卷卷缩型，花径20cm，花瓣宽5.5cm，花萼宽3cm，花瓣沿中肋向外翻卷，边缘稍褶皱，花纹明显。花莛高70cm，单花莛花量11朵。

‘火骑士’萱草

H.'Fire Knight'

四倍体植株。成年植株高约40cm，冠幅约60cm，叶为规则扇形排列，花为中花期，二次花品种。花红色，花喉绿色，花为独特花型的捏卷卷缩型，花径17cm，花瓣宽5cm，花萼宽3cm，花瓣边缘褶皱，顶端扭曲，花瓣带有绒质感。花莛高80cm，单花莛花量为15朵。

‘花园蝴蝶’萱草

H.'Garden Butterfly'

二倍体植株。成年植株高约60cm，冠幅约60cm，叶黄绿色，规则扇形排列，边缘波浪状褶皱，花为中花期，二次花品种。花紫红色，花喉绿色面积大，花瓣上有蓝紫色较宽的环斑，花为独特花型的捏卷型和瀑布型混合花型，花径22cm，花瓣宽3.5cm，花萼宽1.5cm，花瓣细长，扭曲，花纹颜色较深，中肋黄色。花莛高80cm，单花莛花量为7朵。

‘巨型蜘蛛’萱草

H.'Giant Spider'

二倍体植株。成年植株高约30cm，冠幅约50cm，叶细长，规则扇形排列，顶端扭曲，花为中花期。花紫红色，花喉绿色面积大，花为独特花型的扭曲型和瀑布型的混合花型，花瓣扭曲成刨花状，花径18cm，花瓣长宽比例为9：1，花瓣细长，边缘稍褶皱，中肋黄色。花莛高60cm，单花莛花量为12朵。

‘绿箭’萱草

H.'Green Arrow'

二倍体植株。成年植株高约50cm，冠幅约60cm，叶细长，规则扇形排列，花为中早花期，有浓郁的香味。花黄色，花喉绿色面积大，延伸到花瓣中部，花为独特花型的瀑布型，花径18cm，花瓣宽3.5cm，花萼宽1.5cm，花瓣长椭圆形，边缘平滑。花莛高70cm，单花莛花量为9朵。

‘绿色地狱’萱草

H.'Green Inferno'

二倍体植株。成年植株高约40cm，冠幅约40cm，叶细长，不规则扇形排列，边缘波浪状褶皱，植株分生能力强，叶腋处有新植株长成，花为中早花期。花黄色，花喉绿色面积大，延伸到花瓣中部，花为蜘蛛型，花径21cm，花瓣长宽比例为5：1，花瓣细长，边缘稍褶皱。花莛高50cm，单花莛花量为8朵。

‘冰雪天使’萱草

H.'Heavenly Angel Ice'

二倍体植株。成年植株高约40cm，冠幅约50cm，叶较宽，规则扇形排列，叶脉两侧有凹陷平行脉，叶缘褶皱，花为中花期。花奶油白色，花喉黄绿色，花为独特花型的扭曲卷缩型，花径18cm，花瓣宽4.8cm，花萼宽2.4cm，花瓣基部较细，顶端较宽，边缘褶皱大，花纹黄色，中肋白色。花莛高55cm，单花莛花量为23朵。

‘浓妆舞会’萱草

H.'Heavenly Masquerade'

四倍体植株。成年植株高约50cm，冠幅约50cm，叶为规则扇形排列，边缘稍褶皱，花为中花期。花栗黄色，花喉绿色，带有深紫红色较宽的眼斑，花为独特花型的捏卷卷缩型，花径19cm，花瓣宽5.8cm，花萼宽3.5cm，边缘稍褶皱，花纹和中肋明显。花莛高70cm，单花莛花量19朵。

‘哎呀呀’萱草

H.'Heavenly Ooh La La'

四倍体植株。成年植株高约40cm，冠幅约60cm，叶为不规则排列，花为中花期。花紫红色，花喉橘黄色，带有稍浅色的眼斑，花为独特花型的捏卷卷缩型，花瓣翻卷较大，花径21cm，花瓣宽6cm，花萼宽4cm，花瓣边缘褶皱，花纹和中肋较明显。花莛高70cm，单花莛花量10朵。

‘雪白’萱草

H.'Heavenly Snow White'

二倍体植株。成年植株高约50cm，冠幅约50cm，叶细长，黄绿色，花为中早花期。花奶白色，花喉黄绿色，花为独特花型的瀑布型和铲型的混合花型，花径21cm，花瓣宽4.5cm，花萼宽2.5cm，花瓣上窄下宽，卷曲，褶皱大且整齐。花莛高65cm，单花莛花量24朵。

‘团结红’萱草

H.'Heavenly United We Stand'

四倍体植株。成年植株高约50cm，冠幅约60cm，叶较宽，边缘扭曲，花为中晚花期。花鲜艳的红色，花喉绿色，花为独特花型的扭曲卷缩型，花径26cm，花瓣宽5.5cm，花萼宽3.2cm，花瓣顶端尖，扭曲，边缘稍褶皱，绒质感，花纹颜色稍深。花莛高70cm，单花莛花量13朵。

‘看星客’萱草

H.'I See Stars'

二倍体植株。成年植株高约40cm，冠幅约45cm，叶片不规则扇形排列，叶缘稍扭曲，花为早花期。花深红色，花喉绿色，花为独特花型的捏卷卷缩型，花径12.5cm，花瓣宽3.5cm，花萼宽2.2cm，花瓣长椭圆形，边缘平滑，花纹明显，颜色稍深。花莛高60cm，单花莛花量25朵。

‘蟹王’萱草

H.'King Crab'

四倍体植株。成年植株高约30cm，冠幅约50cm，叶基部有白色镶边，花为中早花期，二次花品种。花橘红色，花喉黄绿色，带有深橘红色眼斑，花为独特花型的瀑布型，非常吸引人，花径21cm，花瓣宽4.5cm，花萼宽2.5cm，花瓣质地薄，边缘稍褶皱，花纹深橘红色，中肋颜色稍浅。花莛高70cm，单花莛花量14朵。

‘闪蝶’萱草

H.'Morpho Butterfly'

二倍体植株。成年植株高约45cm，冠幅约60cm，叶规则扇形排列，花为晚花期。花紫红色，带有蓝紫色水印状眼斑，花喉黄绿色非常大，延伸到花瓣的中部，花为独特花型的扭曲卷缩型，花径24cm，花瓣宽5cm，花萼宽3.5cm，花瓣顶端扭曲大，边缘褶皱，花纹和中肋明显。花莛高55cm，单花莛花量10朵。

‘火烈鸟’萱草

H.'Neno Flamingo'

二倍体植株。成年植株高约35cm，冠幅约55cm，叶规则扇形排列，边缘稍褶皱，花为中花期。花为娇嫩的玫粉色，花喉绿色面积大，花为独特花型的瀑布型，花径19cm，花瓣宽6.5cm，花萼宽4cm，花瓣质地薄，边缘褶皱，花纹明显。花莛高60cm，单花莛花量8朵。

‘瀑布红’萱草

H.'Optimus Prime'

四倍体植株。成年植株高约60cm，冠幅约50cm，叶规则排列，叶缘稍扭曲，花为早花期，二次花品种，有浓郁的香味。花深红色，花喉绿色面积大，花为独特花型的瀑布型，花径25cm，花瓣宽4.5cm，花萼宽3cm，花瓣边缘平滑，有绒质感，花萼扭曲。花莛高70cm，单花莛花量10朵。

‘菠萝黄’萱草

H.'Pineapple Blast'

二倍体植株。成年植株高约40cm，冠幅约45cm，叶为规则扇形排列，花为中花期。花菠萝黄色，花喉绿色面积大，带有箭头状的红色眼斑，非常独特，花为独特花型的瀑布型，花径17cm，花瓣宽4.8cm，花萼宽3.1cm，花瓣长椭圆形，边缘稍褶皱，质地薄。花莛高50cm，单花莛花量9朵。

‘小猪’萱草

H.'Porkey Pig'

成年植株高约55cm，冠幅约60cm，叶不规则扇形排列，叶脉明显，花为中花期，二次花品种。花紫红色，花喉黄绿色，花为独特花型的捏卷型，花径25cm，花瓣宽5.5cm，花萼宽3.5cm，花瓣捏卷呈条状，边缘平滑。花莛高60cm，单花莛花量14朵。

‘紫蛛’萱草

H.'Purple Tarantula'

二倍体植株。成年植株高约50cm，冠幅约50cm，叶规则排列，花为中早花期。花紫色，花喉绿色，带有黑紫色宽的眼斑，花为独特花型的瀑布型，花径21cm，花瓣宽5.5cm，花萼宽3.5cm，花瓣扭曲，质地薄，边缘褶皱少且整齐，中肋明显。花莛高80cm，单花莛花量12朵。

‘彩虹’萱草

H.'Rainbow Maker'

二倍体植株。成年植株高约40cm，冠幅约50cm，叶较细，为不规则扇形排列，花为中花期。花粉色，花喉绿色面积较大，带有紫蓝粉渐变色眼斑，花为独特花型的铲型，花径15cm，花瓣宽4cm，花萼宽2.5cm，花瓣基部窄顶端宽，边缘稍褶皱，花纹明显，中肋近白色。花莛高45cm，单花莛花量8朵。

‘红袋鼠’萱草

H.'Red Kangaroo'

四倍体植株。成年植株高约45cm，冠幅约70cm，叶较宽，边缘褶皱，花为中晚花期，二次花品种。花艳红色，花喉绿色面积大，花为独特花型的捏卷卷缩型，花径23cm，花瓣宽4.8cm，花萼宽3.2cm，有多瓣花出现，非常吸引人，花瓣尖椭圆形，边缘褶皱较大。花莛高90cm，单花莛花量19朵。

‘螺旋粉’萱草

H.'Squirrelly'

二倍体植株。成年植株高约25cm，冠幅约40cm，叶黄绿色，不规则扇形排列，花为中花期，二次花品种。花粉色，花喉绿色，带有深玫红色眼斑，花为独特花型的捏卷和瀑布型，花径15cm，花瓣宽5cm，花萼宽2.5cm，花瓣长椭圆形，边缘褶皱较大，花纹和中肋明显，花纹红色。花莛高60cm，单花莛花量19朵。

‘星龙’萱草

H.'Stardust Dragon'

四倍体植株。成年植株高约50cm，冠幅约50cm，叶较宽，规则扇形排列，花为中花期。花奶油白色，花喉黄绿色，花为独特花型的捏卷型和瀑布型，花径18cm，花瓣宽5.7cm，花萼宽2.8cm，花瓣长椭圆形，边缘褶皱带有黄色镶边，花纹明显，中肋近白色。花莛高60cm，单花莛花量19朵。

‘静电冲击’萱草

H.'Static Shock'

四倍体植株。成年植株高约30cm，冠幅约60cm，叶较宽，向外卷，花为中花期。花肉粉色，花喉绿色，带有大的红色眼斑和镶边，花型为独特花型的捏卷和瀑布型，花径19cm，花瓣宽6cm，花萼宽4cm，花瓣长椭圆形，花纹明显，中肋颜色稍浅。花莛高70cm，单花莛花量10朵。

‘时间旅行’萱草

H.'Time Passage'

四倍体植株。成年植株高约50cm，冠幅约50cm，叶细长，规则扇形排列，花为中早花期，有浓郁的香味，二次花品种。花深紫红色，带有稍浅色的眼斑，花喉黄绿色，花为独特花型的瀑布型，花径21cm，花瓣宽5cm，花萼宽3cm，花瓣长椭圆形，边缘褶皱多，带有细的黄色镶边，花纹明显，颜色稍深。花莛高60cm，单花莛花量10朵。

‘时间终结者’萱草

H.'Time Stopper'

二倍体植株。成年植株高约45cm，冠幅约40cm，叶细长，规则扇形排列，花为中早花期。花紫色，带有较浅色的细的眼斑，花喉绿色延伸到花瓣的中上部，非常奇特，花为独特花型的瀑布型，花径18cm，花瓣宽6cm，花萼宽3cm，花瓣长椭圆形，边缘褶皱较大，花纹明显。花莛高50cm，单花莛花量4朵。

‘龙卷鱼’萱草

H.'Tornedo Fish'

成年植株高约35cm，冠幅约60cm，叶较宽，叶脉深，边缘褶皱，花为中花期。花紫色，花喉绿色，花为独特花型的羽毛管状卷缩型，花径22.5cm，花瓣宽7.5cm，花萼宽4cm，花瓣沿中肋向外翻卷呈管状，带有不明显的细白色镶边，花瓣肥厚，花纹和中肋明显。花莛高70cm，单花莛花量9朵。

‘木马’萱草

H.'Trojan Warrior'

四倍体植株。成年植株高约50cm，冠幅约60cm，叶较宽，深绿色，边缘扭曲，花为中早花期，二次花品种。花紫红色，花喉黄绿色面积大，花为独特花型的瀑布型，花径23cm，花瓣宽5.5cm，花萼宽3.2cm，花瓣长椭圆形，沿中肋向外翻卷，花纹颜色深。花莛高80cm，单花莛花量18朵。

‘吸血蝠’萱草

H.'Vampire Bat'

四倍体植株。成年植株高约40cm，冠幅约60cm，叶较宽，规则扇形排列，边缘波浪状褶皱，花为中晚花期，二次花品种。花紫黑色，花喉橘黄色延伸到花瓣中下部，花为独特花型的瀑布型，花径18cm，花瓣宽6cm，花萼宽3.5cm，花瓣长椭圆形，带有蝙蝠翅状的细齿镶边，中肋近白色。花莛高90cm，单花莛花量11朵。

‘紫色舞蹈’萱草

H.'We Can Dance'

二倍体植株。成年植株高约30cm，冠幅约50cm，叶细长，为规则扇形排列，花为中花期。花紫粉色，花喉黄绿色，带有紫红、蓝紫渐变色的眼斑，花型为独特花型的铲型，花径15cm，花瓣宽4.5cm，花萼宽3.5cm，花瓣椭圆形，基部细顶端稍宽，边缘稍褶皱，花纹明显，中肋颜色浅。花莛高60cm，单花莛花量11朵。

‘飞熊’萱草

H.'When Bears Fly'

二倍体植株。成年植株高约30cm，冠幅约50cm，叶黄绿色，规则扇形排列，花为中花期。花烟褐色，花喉橘黄色呈星型，带有黑褐色眼斑，花为独特花型的捏卷卷缩型，花径20cm，花瓣宽5cm，花萼宽3cm，花瓣细长扭曲，边缘褶皱，花纹和中肋明显。花莛高45cm，单花莛花量11朵。

‘黄色隐者’萱草

H.'Yellow Ninja'

四倍体植株。成年植株高约50cm，冠幅约60cm，叶中部扭曲，花为中早花期。花黄色，花喉绿色，花为独特花型的捏卷卷缩型，花径21cm，花瓣宽4.8cm，花萼宽3cm，花瓣细长，边缘稍褶皱，花纹明显。花莛高70cm，单花莛花量19朵。

‘叛逆雷声’萱草

H.'Rebel Thunder'

二倍体植株。成年植株高约50cm，冠幅约60cm，繁殖系数为1.9，叶子绿色，为规则扇形排列，花为中花期。花暗红色，花喉金黄色，花瓣有黄色细的镶边，花为独特花型的卷缩型，花径14cm，花瓣宽4.8cm，花萼宽2.9cm，花瓣为椭圆形，顶端扭曲，边缘稍有褶皱，花纹和中肋明显。花莛高60cm，单芽平均花莛0.7支，单花莛花量平均9.8朵。

‘高尚荣誉’萱草

H.'High Glory'

二倍体植株。成年植株高约55cm，冠幅约70cm，繁殖系数为1.8，叶宽约3cm，花为中花期，二次花品种。花明黄色，花喉同色，花为独特花型的捏卷卷缩型，花径17cm，花瓣宽4.5cm，花萼宽2.7cm，花瓣为椭圆形，表面有凹凸，边缘褶皱，花纹和中肋明显。花莛高为80cm，单芽平均花莛1.3支，单花莛花量平均13朵。花大，花量也大，花莛易倒伏，花期要注意支撑。

‘成功之路’萱草

H.'Winning Ways'

二倍体植株。成年植株高约55cm，冠幅约90cm，繁殖系数为1.3，叶宽约2.5cm，花为中花期。花黄色，花喉绿色，花为独特花型的捏卷卷缩型，花径14cm，花瓣宽5.5cm，花萼宽4.5cm，花瓣为椭圆形，顶端向中肋翻卷扭曲，边缘褶皱，花纹明显，中肋突出。花莛高为65cm，单芽平均花莛0.9支，单花莛花量平均14朵。

重瓣萱草

重瓣萱草是很多人的挚爱，多出的花瓣和瓣状物使花看起来更加丰满，它的美丽迎合了人们的想象力，让人为之心动。重瓣的萱草花给人以全新的印象，就像重瓣的玫瑰和山茶花一样，会越来越引起人们的重视而更加流行。

重瓣花的历史

重瓣萱草并不是一个新的花型，中国野生的萱草植株包括*H. fulva*'Kwanso'和*H. fulva*'Flore Pleno'都是重瓣的。但遗憾的是这些植株都是三倍体，是不育的，不能用于现代杂交品种的选育。重瓣的萱草是由那些含有重瓣因素的单瓣品种选育得来的，那些重瓣品种，开始时只是半重瓣，只是较窄的花瓣并且没有褶皱。育种者努力地提高重瓣品种的观赏性状，育出了更宽而且褶皱的花瓣，给了人们更完美的感觉。当培育了重瓣品种再播种后，重瓣的性状变得完全并且连续。在20世纪80~90年代间，四倍体的重瓣花育出，花瓣有了更重的质感和清晰明亮的颜色。就像四倍体单瓣花的产生一样，最初的四倍体重瓣花的出现艰难并且缓慢。像Betty Hudson、Patrick Stamile、David Kirchhoff和Ted Petit这些重瓣花的育种先锋们缓慢地推动着重瓣花的育种工作。近些年，育种者们已经将现代的单瓣花的性状带到了重瓣花的育种里，像金黄色镶边、大大的边缘褶皱等。也将各种花色、眼斑、水印等诸多元素体现在重瓣花的育种中。

重瓣花的类型

如果只是简单地喜欢重瓣花的精巧和漂亮，就没有必要去弄清它们复杂的花型。然而在育种中就要理解重瓣花形成重瓣的途径。重瓣花的形成是复杂的，甚至是变化的。

对重瓣花花型的理解和分类，不同的人用不同的专业名称来描述。1945年Herbertia，Stout发表了对重瓣花花型的描述，他运用了一些建议性的名称，一些名称一直沿用了50多年，然而重瓣花的分级标准还是没有得到公认。下面的这些描述是比较常用的。

重瓣萱草是从单瓣萱草中选育得到的。通常单瓣萱草有3个萼片和3个花瓣，6个雄蕊。萱草花是由4层构成，一是花萼，二是花瓣，三是雄蕊，四是雌蕊。形成重瓣花最理想的就是增加花瓣这轮的层数而形成多层的花瓣。然而大部分的重瓣花是由雄蕊瓣化形成的。

大部分重瓣花被描述为形成多瓣，实际上额外的花瓣或者瓣状物是雄蕊沿着一侧形成的组织。一些花增生的组织仅在雄蕊的一侧，这样的瓣状物很容易识别；其他的花为雄蕊的两侧增生聚集成为真正的花瓣，但是柱头和花粉囊都可以在瓣状物中找到，偶尔柱头变得很少甚至不存在，瓣状物看起来就像真的花瓣一样。因为瓣状物是由雄蕊变化得来的，而且萱草只有6个雄蕊，因此6个瓣状物是萱草所能拥有的最大数量。如果少于6个瓣状物，余下的雄蕊仍是常态的，花就会出现半重瓣。其他种类的重瓣花增加的是真正花瓣的层数，不是简单的雄蕊瓣化，典型的就是增加的花瓣超过6片。

一些重瓣萱草在瓣状物的中肋增生组织，这些中肋组织沿着瓣状物的中心向上和向外增生，集结成为类似蝴蝶的翅膀状花瓣。中肋组织的类型是变化的，一些瓣状物仅呈单侧翅膀状，许多瓣状物有双侧翅膀，偶尔每个翅膀就像相同的两层组织。中肋组织给人的印象是更多的花瓣，尤其是这个中肋组织变得大而且褶皱时会更加增强花的丰满感。

绝大部分的重瓣萱草都是由雄蕊瓣化或中肋增生组织形成的，而增加真正的花瓣是不一样的类型。花有额外的真正的花瓣被称为“多瓣的重瓣花”，或有时叫做“超级重瓣花”，在萱草花中是很少见的。多瓣的重瓣花由额外的花瓣层堆积而成并保持正常的雄蕊。典型的有9个花瓣，6个是额外的，同时有6个雄蕊，如品种‘Richard Taylor Yates’。我们没有见到多瓣的重瓣花的额外的花瓣会有瓣状物，然而从理论上讲这样的重瓣花是有可能有瓣状物的。这些重瓣花有完整的雄蕊，它们就有潜在的转化为瓣状物的能力。理论上这类花有9个花瓣再加上6个瓣状物，总数会有15个艳丽的花瓣。

瓣化的雄蕊被限制在6个，额外的真正的花瓣似乎可以无限多。从理论上讲，许多层的花瓣可以堆积，一层在一层的上面，使得萱草形成像玫瑰花和山茶花那样的多层花瓣。不育的*H. fulva*'Kwanso'和*H. fulva*'Flore Pleno'都是多瓣的萱草，有多层真正的花瓣。然而大部分的爱好者都感觉这些重瓣花的植株缺乏现代萱草的美丽。经过数十年的工作，育种者已经培育出多瓣的重瓣萱草，萱草的育种进入了更广阔的领域。

重瓣萱草可以根据额外的花瓣或瓣状物进行分类，分为多瓣类型和牡丹花类型。多瓣类型的重瓣花是花瓣和瓣状物在层中呈平盘状排列，可以看到真正的花瓣，这样它们看起来就像山茶花或盛开的玫瑰。通常所有的瓣状物都是两侧着生的，而且没有中肋组织。牡丹型重瓣花，瓣状物堆积在花的中央，就像雄蕊指向外面，如'Unlock the Stars'。这样的瓣状物可以是两侧着生，也可以是一侧着生，或者没有中肋组织的情况都存在。

重瓣萱草的类型也不是一成不变的，在同一品种或者同一植株中都可能随着时间而改变，新的重瓣类型也会不断地产生，甚至许多品种可能产生重瓣花也能产生单瓣花，尤其是花期较早的品种。重瓣的程度会受到温度的影响，比如在较冷的气候中一些品种是单瓣的，但是在较温暖的气候下它们就是重瓣的。随着育种水平的不断提高，现代重瓣萱草在重瓣特性上将更加稳定，而且会拥有更加令人震撼的美丽。

‘重瓣魏河’萱草

H.'Double River Wye'

二倍体植株。成年植株高约55cm，冠幅约75cm，繁殖系数为2.9，叶宽约2cm，花为中早花期。花明黄色，花喉绿色，花型较开张，雄蕊瓣化，花径13cm，花瓣宽4.5cm，花萼宽1.8cm，花瓣为椭圆形，边缘稍褶皱，花纹明显。花莛高为85cm，花单芽平均花莛1.1支，单花莛花量平均15朵。

‘深处’萱草

H.'In Depth'

二倍体植株。成年植株高约40cm，冠幅约60cm，繁殖系数为1.6，叶片黄绿相间，为规则扇形排列，叶宽3.3cm，花为中花期。花为橘黄色，花喉绿色，花开张度小，侧面看上去像一只碗，雄蕊瓣化，花径12cm，花瓣宽6cm，花萼宽4cm，花瓣椭圆形，边缘花纹状褶皱，花纹明显。花莛高65cm，单芽平均花莛1支，单花莛花量平均17朵。

‘象牙云’萱草

H.'Ivory Cloud'

二倍体植株。成年植株高约50cm，冠幅约75cm，繁殖系数为2.1，叶子黄绿色，为不规则扇形排列，叶宽4cm，花为中花期。花橘黄色，花开张度小，呈喇叭形，雄蕊瓣化，花径12cm，花瓣宽6.4cm，花萼3.6cm，花瓣椭圆形，边缘褶皱。花莛高100cm，单芽平均花莛0.7支，单花莛花量平均16.2朵。

‘重瓣典雅’萱草

H.'Siloam Double Classic'

二倍体植株。成年植株高约50cm，冠幅约70cm，繁殖系数为2.9，叶子绿色，为规则扇形排列，叶宽2.5cm，花为中花期，株型整洁优美。花粉红色，花喉绿色，带有红色的眼斑，雄蕊瓣化，花近圆形，花型规整，花径13cm，花瓣宽5cm，花萼宽3.5cm，边缘褶皱，花纹非常明显。花莛高50cm，单芽平均花莛0.8支，单花莛花量平均19.6朵。

‘克里斯汀’萱草

H.'Siloam Buby Christie'

成年植株高约40cm，冠幅约78cm，繁殖系数为1.7，叶子黄绿相间，为不规则扇形排列，叶宽2.7cm，花为中花期，二次花品种，植株整洁清爽。花粉红色，花喉绿色，花型开张平展半重瓣，花型规整，花径14cm，花瓣宽5.5cm，花萼宽4cm，花瓣椭圆形，顶端尖稍扭曲，花瓣边缘褶皱，花纹和中肋明显。花莛高53cm，花总量单芽平均花莛1.3支，单花莛花量平均14朵。

‘香草绒毛’萱草

H.'Vanilla Fluff'

二倍体植株。成年植株高约30cm，冠幅约57cm，繁殖系数为1.7，叶子绿色，为规则扇形排列，叶宽2.8cm，花为中花期，有香味。花奶油黄色，花喉绿色，花为外卷型，雄蕊瓣化，花径14cm，花瓣宽6.5cm，花萼宽4cm，花瓣椭圆形，向外翻卷，边缘稍褶皱，花纹明显，中肋白色，花瓣质地肥厚。花莛高90cm，单芽平均花莛0.8支，单花莛花量平均14.4朵。

‘孔迪拉’萱草

H.'Condilla'

二倍体植株。成年植株高约60cm，冠幅约80cm，繁殖系数为2.9，叶子绿色，为规则扇形排列，叶宽3.5cm，花为中花期，二次花品种。花橘色，花型外卷，3层花瓣并且雄蕊瓣化，花型很丰满，花径12cm，花瓣宽4cm，花萼宽3cm，花瓣椭圆形，顶端尖，边缘褶皱密集，花纹和中肋明显。花莛高60cm，单芽平均花莛1.4支，单花莛花量平均21朵，花量大。

‘重瓣玫瑰’萱草

H.'Stellar Double Rose'

二倍体植株。成年植株高约58cm，冠幅约70cm，繁殖系数为2.2，叶子绿色，为规则扇形排列，叶宽4cm，花为中花期。花深玫瑰红色，花喉绿色，带有深红色眼斑，花瓣有白色镶边，雄蕊瓣化，花径12cm，花瓣宽5cm，花萼宽3.2cm，花瓣椭圆形，顶端向外翻卷，边缘褶皱，花纹和中肋明显，颜色深。花莛高100cm，单芽平均花莛0.8支，单花莛花量平均30朵。

‘玫瑰花衣’萱草

H.'Rose Corsage'

四倍体植株。成年植株高约40cm，冠幅约60cn，繁殖系数为3.3，叶子绿色，为不规则扇形排列，宽2.5cm，花为中花期。花砖红色，花喉黄色，带有玫瑰红色眼斑，雄蕊瓣化，重瓣性状不稳定，花径10cm，花瓣宽5cm，花萼宽3cm，花瓣近圆形，边缘稍褶皱，花纹和中肋明显。花莛高80cm，单芽平均花莛0.9支，单花莛花量平均11朵。

‘刨花’萱草

H.'Carpenter Shavings'

二倍体植株。成年植株高约45cm，冠幅约50cm，繁殖系数为2.5，叶子绿色，为规则扇形排列，叶宽2.5cm，花为中花期。花砖红色，花喉黄色，带有红色眼斑，花为重瓣，有3层花瓣并且雄蕊瓣化，花型丰满，花径9cm，花瓣宽3.5cm，花萼宽2.2cm，花瓣椭圆形，顶端尖，表面有凹凸，边缘稍褶皱，花纹明显，中肋突出。花莛高65cm，单芽平均花莛0.5支，单花莛花量平均12.4朵。

‘重瓣红爆竹’萱草

H.'Double Firecracker'

二倍体植株。成年植株高约50cm，冠幅约60cm，繁殖系数为1.9，叶子黄绿相间，为不规则扇形排列，叶宽3.7cm，花为中花期。花亮红色，花喉黄绿色，雄蕊瓣化，花径16cm，花瓣宽4.8cm，花萼宽2.5cm，花瓣长椭圆形，向外翻卷，边缘稍褶皱，花纹明显。花莛高50cm，单芽平均花莛0.7支，单花莛花量平均14.6朵。

‘杰恩’萱草

H.'Jean Swann'

二倍体植株。成年植株高约40cm，冠幅约45cm，繁殖系数为1.6，叶子绿色，为规则扇形排列，叶宽3.5cm。花浅肉粉色，花喉绿色，重瓣，双层花瓣且雄蕊瓣化，花径13cm，花瓣宽5.5cm，花萼宽4cm，花瓣椭圆形，顶部稍尖，向外翻卷，花瓣边缘稍褶皱，花纹明显。花莛高60cm，单芽平均花莛0.6支，单花莛花量平均14朵。

‘马克西姆’萱草

H.'Longfield's Maxim'

成年植株高约60cm，冠幅约65cm，繁殖系数为3.6，叶子绿色，为不规则扇形排列，叶宽3.2cm，花为中花期。花亮黄色，花喉绿色，雄蕊瓣化，花径12cm，花瓣宽5cm，花萼宽2.5cm，花瓣椭圆形，顶端扭曲向外翻卷，花瓣表面有凹凸，中肋近白色。花葶高75cm，单芽平均花葶0.8支，单花葶花量平均14.6朵。

‘孪生’萱草

H.'Longfield's Twins'

成年植株高约40cm，冠幅约80cm，繁殖系数为2.1，叶子绿色，为规则扇形排列，叶宽3cm，花为中花期，有多瓣型花出现。花洋红色，花喉绿色，萼片颜色稍浅，花为半重瓣，仅部分雄蕊瓣化，花型开张较规整，花径18cm，花瓣宽6.5cm，花萼宽4.5cm，花瓣长椭圆形，边缘有较宽的褶皱，花瓣表面有凹凸，花纹明显，中肋颜色稍浅。花葶高65cm，单芽平均花葶0.9支，单花葶花量平均12.4朵。

‘摩西之火’萱草

H.'Moses' Fire'

成年植株高约55cm，冠幅约70cm，繁殖系数为2.9，叶子绿色，为规则扇形排列，叶宽3.4cm，花为中花期。花砖红色，花喉绿色，花瓣带有细的黄色镶边，雄蕊瓣化，花型丰满，花径15.5cm，花瓣宽5.6cm，花萼宽2.7cm，花瓣椭圆形，向外翻卷，边缘褶皱，质地肥厚。花莛高60cm，单芽平均花莛0.8支，单花莛花量平均24朵。

‘帕特丽’萱草

H.'Patricia'

二倍体植株。成年植株高约25cm，冠幅约60cm，繁殖系数为2.4，叶子绿色，为规则扇形排列，叶宽4cm，花为中花期，有香味。花明黄色，花喉同色，雄蕊瓣化，花径13cm，花瓣宽5cm，花萼宽3cm，花瓣椭圆形，顶端扭曲翻卷，花瓣表面有凹凸，边缘有整齐的褶皱，花纹和中肋明显。花莛高60cm，单芽平均花莛1支，单花莛花量平均17.4朵。

‘黄潜艇’萱草

H.'Yellow Submarine'

四倍体植株。成年植株高约50cm，冠幅约60cm，繁殖系数为2.5，叶子绿色，为规则扇形排列，叶宽2.4，花为中花期。花黄色，花喉绿色，雄蕊瓣化，花型规整，花径12cm，花瓣宽5.3cm，花萼宽3cm，花瓣椭圆形，顶端扭曲捏卷，花瓣表面凹凸，边缘褶皱，花纹和中肋明显。花莛高68cm，单芽平均花莛0.8支，单花莛花量平均15.4朵。

‘天使’萱草

H.'You Angel You'

二倍体植株。成年植株高约45cm，冠幅约65cm，繁殖系数为1.7，叶子绿色，为较规整扇形排列，叶宽2.8cm，花为中花期。花奶油粉色，花喉绿色，带有紫红色眼斑，雄蕊瓣化，花径9cm，花瓣宽3.4cm，花萼宽2.7cm，花瓣椭圆形，顶端尖向外翻卷，边缘褶皱，花纹和中肋和明显。花莛高65cm，单芽平均花莛0.9支，单花莛花量平均22朵。

‘四十二街’萱草

H.'Forty Second Street'

二倍体植株。成年植株高约45cm，冠幅约50cm，繁殖系数为2，花为中花期。花肉粉色，花喉黄绿色，带有玫红色眼斑，雄蕊瓣化，花径12cm，花瓣宽5.5cm，花萼宽3cm，花瓣为椭圆形，向外翻卷，边缘有褶皱，花纹和中肋明显。花莛高为50cm，单芽平均花莛0.5支，单花莛花量平均8朵。

‘波久’萱草

H.'Pojo'

二倍体植株。成年植株高约50cm，冠幅约60cm，繁殖系数为3.7，叶宽约1.5cm，花为中花期。花橘黄色，花喉同色，雄蕊瓣化，花径8cm，花瓣宽4cm，花萼宽2cm，花瓣为椭圆形，向外翻卷，花瓣表面有凹凸，边缘稍褶皱， 花纹和中肋明显。花莛高为65cm，单芽平均花莛0.9支，单花莛花量平均13朵。

‘漂亮小姐’萱草

H.'Saucy Lady'

二倍体植株。成年植株高约45cm，冠幅约48cm，繁殖系数为1.9，叶宽约2.3cm，花为中花期。花黄色，花喉同色，雄蕊瓣化，花径9cm，花瓣宽3.3cm，花萼宽1.7cm，花瓣椭圆形，顶端稍尖，向外翻卷，边缘稍褶皱，花纹和中肋明显。花莛高为53cm，单芽平均花莛1支，单花莛花量平均7.2朵。

参考文献

[1] 龙雅宜,龚维忠.多倍体萱草新品种的选育[J].园艺学报, 1981,8(1):51-58.

[2] 高淑滢. 萱草杂交育种和多倍体育种研究[D].北京:北京林业大学, 2010.

[3] 何琦,高亦珂, 高淑滢. 萱草育种研究进展[J]. 黑龙江农业科学, 2011,(03): 137-140.

[4] 何琦. 不同倍性萱草（*Hemerocallis* spp.&cvs.）杂交育种研究[D]: 北京林业大学, 2012.

[5] 何琦,高亦珂.不同处理下萱草种子萌发研究[J]. 种子, 2011,7:94-96.

[6] 何琦,高亦珂. 四倍体萱草减数分裂观察与花粉育性研究[J].华北农学报, 2011,26:56-59.

[7] 熊治廷,陈新启,洪德元. 国产萱草属夜间开花类群的分类研究[J].植物分类学报,1996, 34(6):586-591.

[8] AHS Online daylily cultivar database: http://www.daylilies.org/DaylilyDB/?advanced. Am Hemerocallis Soc,2012.

[9] Callaway D. J., Callaway M. B. Breeding Ornamental Plants[M]. Portland, Ore.: Timber Press, 2000, 49-73.

[10] Erhardt W. Hemerocallis [M]. Portland, Ore.: Timber Press, 1992.

[11] Hasegawa, M., T. Yahara, et al. Bimodal distribution of flowering time in a natural hybrid population of daylily (*Hemerocallis fulva*) and nightlily (*Hemerocallis citrina*) [J].Journal of plant research, 2006, 119(1): 63-68.

[12] Munson R.W. Hemerocallis: the Daylily[M]. Portland, Ore.: Timber Press, 1989.

[13] Petit, T. L. and Peat J. P. The new encyclopedia of daylilies: more than 1700 outstanding selections[M], Timber Pr:2008.

[14] Terrence P. McGarty. Hemerocallis Species, Hybrids, and Genetics. www.telmarcgardens.com/Books/Book%202009%2001.pdf.

附录1：品种亲本表

品　种	亲　本	原编号
After the Bite	Orange Splash × Saber Tooth Tiger	20120270
Alan Adair	Revenue × Chicago Apache	2007011
Aldona	Erin Prairie × sdlg	J100
Aliens in the Garden	Tet. Holly Dancer × Bali Watercolor	20120271
All American Baby	(Exotic Echo × Playful Pixie) × Baby Blues	H394
All American Eagle	Emperor's Dragon × Tet. Siloam Virginia Henson	2007059
Allegheny Sunset	(Ming Porcelain × (Pink Scintillation × sdlg)) × Seminole Wind	2007086
Allunga	Oodnadatta × Dance Ballerina Dance	2007089
Alpine Snow	Ptarmigan × Tet. Monica Marie	2007006
Angel Artistry	Forget Me Not × Littlest Angel	2007090
Angel in Disguise	Majestic Pink × Shimmering Elegance	2007070
Apache War Dance	(Flaming Delight × Dance Ballerina Dance) × sdlg	2007076
Arctic Clipper	Swan Princess × Tet. Barbara Mitchell	2007017
Arctic Snow	Porcelain Pleasure × (French Frosting × Nuka)	H398
Astolat	sdlg × Tet. Catherine Woodbery	J80
Avon Crystal Rose	(sdlg × Royal Watermark) × (Virtuoso × Concubine)	20070428
Baby Dragon	I See Stars × Heavenly Firearrow	20120272
Banned in Boston	Ruffled Ivory × Dearest	2007040
Barbara Mitchell	Fairy Tale Pink × Beverly Ann	H399
Barnabas	(Mary Todd × Jared) × Etzkorn	20070429
Beaming Light	Minted Gold × Noah's Ark	J109
Bed of Roses	Love Crowned × Borgia	J72
Bela Lugosi	(sdlg × Nairobi Night) × Tet. Grand Masterpiece	2008085
Ben Adams	Walking on Sunshine × Alexandra	2007030
Beyond 2000	Glittering Elegance × Angel's Smile	2007019
Big Apple	When I Dream × Super Purple	20070430
Big Blue	White Zone × Tet. Barbara Mitchell	2007010
Bitsy	Pinocchio × Sooner Gold	302
Black Lace	Rhapsody in Black × Misty Night	2007077
Black Lightning	Night Wings × Tet. Black Plush	20120274
Blackberry Candy	Blackberry Candy	20070432

（续）

品　种	亲　本	原编号
Blackberry Dragon	Star of India × Webster's Red Knight	20120275
Blazing Lamp Sticks	Alabama Jubilee × Tet. Red Thrill	2007049
Blue Desire	Delta Blues × Tet. Crystal Blue Persuasion	20120276
Blue Vipan(Blue Viper)	(Blue Oasis × Kaleidoscope Effect) × Black-eyed Jester	20120277
Blueberry Candy	Wineberry Candy × Vanilla Candy	H403
Bob White	Pale Rider × Tet. Iron Gate Glacier	20070433
Brasstown	Catoctin × Dorothy Lambert	2007097
Brilliant Star	(Cherry Boy × Bess Ross) × Red Valor	J64
Broadmore Red	sdlg × Barbarossa	20070434
Buffys Doll	Miniature × Miniature	H405
Buried Treasure	Atlas × Satin Glass	J59
Buzz Saw	Enchanted April × Forestlake Ragamuffin	20120279
Cactus Blossom	(Strawberry Candy × Heavenly Beginnings) × (Born Too Late × Crocodile Smile)	20120280
Captain America	Royal Curls × Heavenly Spider Monkey	20120281
Carbon Dating	Ruffled Storm × Chief Tecumseh	2007069
Central Park	Douglas Dale × sdlg	J66
Charlemagne	Emperors Robe × Beauty Pageant	J113
Cherry Candy	Raging Tiger × Tet. Siloam Virginia Henson	2007081
Cherry Point	Federal Hill × Margaret Alford	J52
Chicago Knobby	sdlg × Chicago Two Bits	H412
Chicago Royal Robe	sdlg × Chicago Pansy	308
Chicago Weathermaster	Chicago Mist × sdlg	20070439
Chosen Love	sdlg × Ora Correne	J111
Cisty	Southern Comfort × Agape Love	2007099
Clarence Simon	sdlg × Satin Glass	J94
Cloud chaser	(sdlg × Royal Celebration) × Learning to Fly	20120283
Commandment	Minted Gold × (Summer Splendor × Paris Gown	J84
Condilla	Whirling Skirt × Chum	2007041
Corinthian Pink	((sdlg × Love Goddess) × (sdlg × Tet. Martha Adams)) × Seminole Wind	2007007
Cosmo Queen	((Moonlit Masquerade × Tet. Spindazzle) × Tet. Indian Sky) × Tet. Emmaus	20120284
Cream Drop	Little Rainbow × sdlg	310

（续）

品　种	亲　本	原编号
Crestwood Ann	Betty Rice × sdlg	J125
Crimson Pirate	Honey Redhead × Queen Esther	20120285
Cub Scout	((Skeeter × Betty Rice) × (Ringlets × Lady of Northbrook)) × Satin Glass	J99
Custard Candy	((Chicago Picotee Queen × Byzantine Emperor) × Frandean) × Tet. Siloam Virginia Henson	2007071
Dacquiri		2007100
Dan Mahony	(Fooled Me × Queensland) × Tet. Dragons Eye	2008089
Dangerous Expectations	Heavenly Velocirapter × Heavenly Bombshell	20120286
Daring Deception	Daring Dilemma × sdlg	2008090
Dark Energy	When Bears Fly × (Starman's Quest × Serge Rigaud)	20120287
Dewberry Candy	(sdlg × Chicago Picotee Ballet) × Tet. Siloam Virginia Henson	20070441
Diabolique	(Borrowed Time × sdlg) × Prince Consort	2007101
Dinkum Aussie	Commandment × Tet. Cashmere	J95
Distant Glow	Crestwood Ann × sdlg	J55
Divertissment	(American Revolution × Kindly Light) × Bold One	2007102
Doctor Who	Supernatural × Increased Complexity	20120288
Dorota	Beaming Light × Heavenly Harp	J78
Dorothy Lambert	Temptress × sdlg	2007103
Double Firecracker	(Double Decker × Doncaster) × Double Melody	2008091
Douglas Dale	sdlg × Sir Patrick Spens	J75
Druid's Chant	(El Bandito × Plum Candy) × Admiral's Braid	20120290
Early and Often	Sunny Honey × (Three Seasons × Tuscawilla Tranquillity)	2007105
Edge Ahead	Wedding Band × Prize Picotee Deluxe	20070442
Eenie Weenie	sdlg × Lolabelle	H431
Egyptian Spice	(Bountiful Harvest × Crestwood Ann) × Breakaway	J26
El Desperado	El Bandito × Blackberry Candy	2008092
Electric Lizard	Angelus Spangles × Shirley Temple Curls	20120291
Elsbeth Murphy	Hillsdale × Yellow Crystal	2007106
Enchanted April	Techny Peach Lace × Wedding Band	2007026
Entrapment	unknown × unknown	2008094
Erin Lea	Leonidas × sdlg	2007063
Erin Prairie	Erin Prairie	J68
Etruscan Tomb	(Black Watch × sdlg) × Houdini	2007082

（续）

品　种	亲　本	原编号
Exotic Candy	Wineberry Candy × Tet. Janice Brown	2007033
Final Touch	sdlg × Love's Blush	2008095
Fire Horse	(Ed Marshall × Tet. Christmas Is) × Web Browser	20120293
Fire Knight	(Wandering Wings × Tet. Loch Ness Monster) × Tet. I See Stars	20120294
Forbidden Territory	White Fang × Heavenly Pink Fang	20120296
Forgotten Dreams	(Ra Hansen × Everyday Miracles) × Blue and Velvet	2008097
Fortune Teller	Crestwood Lucy × Envoy	J45
Frans Hals	Baggette × Cornell	315
Fuchsia Kiss	Chance Encounter × Shimmering Elegance	2007037
Garden Butterfly	(Smoke Scream × Lavender Curls) × (Smoke Scream × Morphen Time)	20120297
Gentle Shepherd	sdlg × sdlg	291
Gertrude Condon	Della Flagg × Cartwheels	316
Giant Spider	Radioactive Curls × Heavenly Mr Twister	20120298
Glory Days	(sdlg × Shockwave) × ((Lahaina × Shockwave) × Ever So Ruffled)	20070443
Gold Elephant	Hernando Star × Kindly Light	2007067
Goolagong	Commandment × Tet. Winning Ways	2007110
Green Arrow	Royal Curls × Great Red Dragon	20120299
Green Inferno	Royal Curls × Great Red Dragon	20120300
Gussie Harris	Hernando Star × Kings Gold	2007079
Happy Returns	Suzie Wong × Stella De Oro	339
Hassie Garren	Mont Blanc × Heatherhoney	J87
Heather Green	Bonnie Barbara Allen × sdlg	2007113
Heavenly Angel Ice	Frozen Mert × Heavenly Curls	20120301
Heavenly Beginnings	Startle × Tet. Spindazzle	2007021
Heavenly Breakthrough	White Fang × Tet. Crystal Blue Persuasion	20120302
Heavenly Lavender Dreams	(Flutterbye × Lavender Handlebars) × ((Starman's Quest × Serge Rigaud)× Lavender Handlebars)	20120303
Heavenly Masquerade	Moonlit Masquerade × Tet. Green Widow	20120304
Heavenly Ooh La La	((sdlg × sdlg) × (sdlg × sdlg)) × Blackberry Dragon	20120305
Heavenly Shockwave	Queen of the Desert × ((Isle of Dreams × Isle of Dreams) × Tet. In the Navy))	20120306
Heavenly Snow Drift	Wedding Band × (Glittering Elegance × Angel's Smile)	20120307

（续）

品　种	亲　本	原编号
Heavenly Snow White	(Forsyth Flaming Snow × Skinwalker) × Heavenly Angel Ice	20120308
Heavenly United We Stand	sdlg × Megatron	20120309
Helen Connelly	sdlg × Catherine Woodbery	2007114
Helen Shooter	(Super Valentine × Christy Smith) × Reaching	2007047
Helle Berlinerin	Lucy Porter × Chicago Mist) × Chicago Queen	J70
Heman	Forestlake Ragamuffin × (Startling Creation × Jaws of Life)	20120310
Her Majesty's Wizard	(Elizabeth's Magic × Tomorrow's Dream) × (Elizabeth's Magic × Tomorrow's Dream)	2008098
Hey There	Douglas Dale × sdlg	J121
Holiday Delight	(Bengaleer × Allegiance) × (Paprika Velvet × Allegiance)	317
Hot Ember	Sound and Fury × Frank Gladney	20120311
House of Orange	Douglas Porter × Bologongo	20070444
Huckleberry Candy	Exotic Candy × Magnificent Rainbow	20070445
Hudson Valley	Bonnie John Seton × sdlg	J65
Hush Little Baby	Trade-last × Neal Berrey	20120312
Hyperion	Sir Michael Foster × Florham	293
I See Stars	Holly Dancer × Red Rain	20120313
In Depth	Alpha Double × Betty Woods	2007005
Irena	Beaming Light × Venetian Sun	J118
Isolde	Frances Norwood × Farewell Tour	2007115
Isosceles	Lahaina × Tet. Siloam Medallion	2007116
Jack and the Beanstalk	(sdlg × Big Bird) × Tet. Spindazzle	2007043
Janet Benz	Radar Love × Tet. Barbara Mitchell	2007024
Jean Swann	Frances Joiner × Vanilla Fluff	2008100
Jester's Robe	Rajah × Lilting Belle	2007048
John's Choice	Awesome Blossom × unknown	2007054
Just Plum Happy	Heady Wine × Strawberry Candy	20120316
Kalutara	Tonga Dancer × ((Aquarius × Jade Bowl) × Virginia Miller)	2007118
Kansas Gold	Full Reward × sdlg	J114
Kardynal Wyszynski	Jan Pawel × sdlg	J123
King Crab	Heavenly Dragon Fire × (Orange Splash × Heavenly Jet Fire)	20120318
King of Hearts	Royal Command × Indian Love Call	J107
Kinga	Beaming Light × Heavenly Harp	J28

（续）

品　种	亲　本	原编号
Kiss Me Twice	(((Shinto Etching × Lanny) × Moonlit Masquerade) × (Cosmic Pinwheel × Raspberry Butterflies)) × Heavenly Dark Matter	20120319
Krystyna	Beaming Light × Vicar	J(01)67
Lady Precious Stream	Battle Hymn × Rozavel	J92
Lake Effect	Druid's Chant × Big Blue	2007072
Lavender Luxury	(Olivier Monette × No Trespassing) × Lavender True	2007120
Lavender Shield	Always Afternoon × Tet. Neal Berrey	2007025
Lech Walesa	Cornerstone × sdlg	J106
Lemon Crinkles	Peace Dove × Emperor's Choice	2007121
Lemon Crisp	(Bridal Look × Chetco) × (Frances Fay × Paradise Beach)	J117
Leprechaun's Lace	(Garden Elf × Magic Toy) × sdlg	2007122
Light Years Away	Eternity's Shadow × Admiral's Braid	2008101
Little Business	sdlg × Little Wart	H450
Little Fellow	sdlg × Lavender Flight	321
Little Grapette	Lavender Doll × sdlg	H451
Little Lassie	Little Wart × Baby Darling	H452
Little Wine Cup	Vada Parker × sdlg	294
Lyric Opera	Water Bird × Sinbad Sailor	2007124
Magic Wand	Bountiful Harvest × Crestwood Ann	J57
Magnificent Eyes	sdlg × Shaded Eyes	2007125
Majestic Pink	Gentle Rose × Tet. Barbara Mitchell	2007044
Martina Verhaert	Forest Phantom × Druid's Chant	2008105
Mary Todd'	sdlg × Crestwood Ann	324
Mauna Loa	(Commandment × Botticelli) × (sdlg × Paprika Velvet)	2008104
May Colvin	sdlg × Mary Gary	2007127
Mephistopheles	Strutter's Ball × Grand Masterpiece	2007008
Miss Jessie	(Dorothea × Su-lin) × sdlg	2007128
Miss Quinn's World	Strutter's Ball × Strawberry Candy	20120324
Miss Rachel	Paper Butterfly × Strawberry Candy	20120325
Mission Moonlight	Frances Fay × sdlg	J27
Molokai	sdlg × Etzkorn	2007074
Monster	Tet. Cashmere × sdlg	2007075
Monterrey Jack	Tet. Siloam Gumdrop × Tet. Wings of Chance	2007009

（续）

品 种	亲 本	原编号
Morpho Butterfly	(Smoke Scream × Lavender Curls) × (Smoke Scream × Morphen Time)	20120326
Moses' Fire	sdlg × sdlg	2008106
My Melinda	Hot Stuff × Believe It	2007131
Myrtle Burnette	sdlg × Pillar of Fire	J(01)81
Mystical Rainbow	Exotic Candy × Rainbow Eyes	2007051
Naomi Ruth	Bambi Doll × sdlg	328
Naulakha	Fairy Wings × Ice Carnival	2007132
Netsuke	(Little Rainbow × Lavender Bubbles) × (Curls × Kwan Yin)	J18
Nordic Mist	Glacier Bay × (Rhythm and Blues × Seminole Wind)	2007066
Nosferatu	Tuxedo Moon × Tet. Grand Masterpiece	20070453
Olive Bailey Langdon	Embassy × Chicago Regal	J56
Omomuki	((Lahaina × Shockwave) × Ever So Ruffled) × Floyd Cove	2007031
Open Hearth	(Droednoeth × Lonnie) × Chocolate Pudding	2007038
Optimus Prime	((Heavenly Lasting Impressions × Webster's Red Knight) × Megatron) × Tet. Great Red Dragon	20120328
Orchid Candy	Dewberry Candy × Tet. Janice Brown	H470
Orient	Star and Garter × Lady Mary Montague	J86
Oriental Ruby	((Atlas × Limonera) × (Multnomah × High Noon)) × sdlg	J17
Outrageous	(Bengaleer × Allegiance) × (Paprika Velvet × Allegiance)	2007134
Painter Poet	Secret Garden × (Concubine × (Botticelli × Puppet Show SIB))	2007135
Pandora's Box	(Prairie Blue Eyes × Moment of Truth) × (Apparition × Moment of Truth)	H472
Pardon Me	sdlg × Little Grapette	2008107
Parian China	Jade Bowl × Commandment	J110
Pastures of Pleasure	Palace Purple × Fairy Tale Pink	20120330
Patricia Fay	sdlg × Frances Fay	J16
Patrician Splendor	(Ming Porcelain × (Pink Scintillation × sdlg)) × Seminole Wind	2007056
Pattern Master	(Admiral's Braid × Tet. Feeding Frenzy) × (Tet. Super Purple × Angel's Smile)	20120331
Patterns	Catoctin × Dorothy Lambert	2007136
Pineapple Blast	Oakes Love × Malachite Prism	20120332
Platinum Plus	sdlg × White Tie Affair	20070454

（续）

品 种	亲 本	原编号
Playback	Joe Marinello × Siloam Gumdrop	2007023
Prairie Belle	sdlg × (Frances Fay × sdlg)	330
Prairie Blue Eyes	Prairie Hills × Lavender Flight	20120335
Prehistoric Beast	Sword Dancer × Saber Tooth Tiger	20120336
Prince of Purple	Lavinia Love × sdlg	2007139
Purple Kaboom	Swallow Tail Kite × (Malaysian Monarch × Tet. Barbara Mitchell)	20120337
Purple Satellite	(Trahlyta × Asterisk) × Belladonna Starfish	2007141
Purple Tarantula	Smoke Scream × Skinwalker	20120338
Putney Spotted Fever	Green Eyed Giant × (July Four × (Black Festival × sdlg))	2007142
Pygmy Prince	Chicago Apache × Tet. Pardon Me	20120340
Rainbow Candy	Blueberry Candy × Tet. Little Print	2007001
Rainbow Maker	(((Heavenly Pink Butterfly × ((Joseph's Coat × (Elfin Etching × Spirited Style))) × (Kaleidoscope Effect × Smoke Scream))) × (Magic Maker × (Smoke Scream × Morphin Time))	20120341
Raspberry Candy	sdlg × Tet. Siloam Virginia Henson	2007013
Raspberry Pixie	Miniature × Miniature	20120342
Raspberry Suede	Vintage Bordeaux × Red Grace	2007046
Red Hot Lover	Red Velvet Supreme × (Mister Lucky × Tet Christmas Is)	20120343
Red Kangaroo	(Chicago Ruby × Wandering Wings) × Red Hurricane	20120344
Red Mittens	Ringlets × Lilliput	2007143
Red Peacemaker	Midnight Magic × Angel's Smile	2007050
Red Seductress	Ed Marshall × sdlg	2007018
Renata	Parian China × Cornerstone	J7
Ride the Wind	Patrician Splendor × Shimmering Elegance	2007039
Ringlets	(Mrs W.H. Wyman × Rosalind) × ((Dominion × J.S. Gayner) × (Dominion × Cinnabar))	J5
Rock Solid	Inner Destiny × Francois Verhaert	2007078
Rocket City	Crestwood Gold × sdlg	333
Rose Corsage	((Killer × Forever Red) × Ricochet) × Tet. Siloam Double Classic	2007068
Rose Vision	Rose Fever × Shimmering Elegance	2007042
Rosy Returns	((Pardon Me × Happy Returns) × (Happy Returns × Sugar Cookie)) × (Brocaded Gown × Happy Returns)	2008109
Rox	((Sweet Sandy × Tet. My Belle) × Robert Dale) × Tet. Barbara Mitchell	2007022

（续）

品　种	亲　本	原编号
Royal Cattleya	sdlg × Chicago Elite	20070455
Royal Frosting	(Serene Madonna × Joan Senior) × Monica Marie	20120345
Royal Occasion	(Baby Darling × Bridget) × Super Purple	20120346
Ruffled Apricot	sdlg × Northbrook Star	334
Salmon Pagoda	Challenger × Autumn Blaze	2007145
Samoa	Destined to See × sdlg	J10
San Ignacio	((Enchanted Empress × Pink Monday) × (Custard Candy × Eye Declare)) × American Original	2007084
San Simeon	Patrician Splendor × Shimmering Elegance	2007085
Sangre De Cristo	Gilded Rose × Seminole Wind	2007080
Saucy Lady	(Frances Fay × sdlg) × Double Pleasure	J42
Sea Horse	((Wedding Band × Wrapped in Gold) × Ruffian's Apprentice) × Maltese Falcon	2007002
Sea Panther	Velvet Eyes × (Mister Lucky × Tet. In the Navy)	20120347
Secondhand Rose	((Heavenly Harp × Lavender Parade) × Royal Watermark) × (Virtuoso × Concubine)	20070456
Selma Longlegs	Mico × Lake Norman Spider	2007146
Silver King	Shooting Star × High Noon	J82
Sir Patrick Spens	sdlg × (Alan × sdlg)	J11
Slowik	Summer Splendor × Cartwheels	J32
Smooth Flight	Sherry Fair × Dance Ballerina Dance	2007147
Smuggler's Gold	Gentleman Lou × Matt	2007083
So Lovely	sdlg × White Formal	J22
Solar Attack	Yellow Viper × Heavenly Danger Zone	20120350
Spacecoast Starburst	Secret Splendor × sdlg	2008110
Spider Breeder	sdlg × Kindly Light	2007148
Squirrelly	(Mary Ethel Anderson × Skinwalker) × (Mary Ethel Anderson × Heavenly Angel Ice)	20120351
Stardust Dragon	See Me-Feel Me-Touch Me × Tet. Heavenly Angel Ice	20120352
Starman's Quest	Trahlyta × Persian Pattern	2007150
Startle	Broadmore Red × My Sunshine	2007028
Startling Creation	Startle × Tet. Spindazzle	20120353
Static Shock	((Moonlit Masquerade × Twist of Lemon) × (Jungle Mask × Tet. Spindazzle)) × Raspberry Sickle	20120354
Stella in Yella	Forsyth Lemon Drop × Stella De Oro	2008111

（续）

品　种	亲　本	原编号
Stitched in Gold	Glittering Elegance × Angel's Smile	2007027
Strawberry Candy	Panache × Tet. Siloam Virginia Henson	20070458
Strutter's Ball	Houdini × Damascan Velvet	2007152
Sultry Summer	Rain Dance × Startle	2007020
Summer Splendor	(sdlg × Betty Rice) × Early Sunrise	J14
Super Magician	Court Magician × Tet. Super Purple	2007058
Super Purple	Sugar Time × sdlg	20070461
Supreme Empire	Alpha Centauri × Tet. Siloam Medallion	2007065
Sweet Pea	sdlg × Squeaky	J40
Taos	((Ming Porcelain × Crush on You) × sdlg) × Shimmering Elegance	2007055
Tetrina's Grand Daughter	sdlg × Tetrina	20120356
The Orthodontist	Spartan Warrior × Puma	20120357
Three Diamonds	Chucalissa × Tet. Christmas Is	20070462
Thumbelia	Port × sdlg	J9
Time Passage	Purple Chameleon × Ninja Storm	20120359
Time Stopper	Heavenly Pink Butterfly × Lavender Curls	20120360
Too Sexy for you	Tet. Crystal Blue Persuasion × Webster's Pink Wonder	20120361
Tornedo Fish(Tornero)	Real Wind × All American Tiger	20120362
Toyland	((Skeeter × Betty Rice) × (Ringlets × Lady of Northbrook)) × Satin Glass	H495
Treasure of Love	Raspberry Lustre × Shimmering Elegance	2007064
Tripped out	(Julie Newmar × ((Isle of Dreams × Isle of Dreams) × Tet. In the Navy)) × Increased Complexity	20120363
Trojan Warrior	Bali Watercolor × Volcanic Eruption	20120364
Unshakable	Tet. Holly Dancer × Bali Watercolor	20120367
Vampire Bat	Purple Badger × Dragon Fang	20120368
Vanilla Fluff	Ivory Cloud × sdlg	2007036
Veiled Organdy	(Minted Gold × Noahs Ark) × Heavenly Harp	J15
Venetian Sun	Minted Gold × sdlg	J35
Vera Biaglow	Houdini × Sinbad Sailor	2007004
Vesper Prayer	Magic Wand × (sdlg × Milepost)	J12
Vivacious	Sleeping Beauty × Satin Glass	J49
Volcan Fuego	H. hakuunensis × Burning Daylight	2007154

（续）

品　种	亲　本	原编号
Walkabout	Age of Gold × Pharaoh's Gold	2007014
We Can Dance	Spirit Ring × Heavenly Spider Monkey	20120369
Wedding Dance	Southern Comfort × Moment of Truth	2007155
When Bears Fly	Trahlyta × Chief Black Hand	20120370
White Illusion	Amelia Moldovan × Concubine	2007053
White Jade	(Evelyn Claar × Hall #49-11) × (Evelyn Claar × sdlg)	298
Wild Mustang	Cherry Drop × (Wineberry Candy × Tet. Priscilla's Rainbow)	2007029
Wineberry Candy	Tet. Siloam Virginia Henson × Paper Butterfly	2007034
Winsome Lady	Satin Glass × Superfine	J6
Wolf in Sheep's Clothing	White Fang × John Peat	20120372
Woman's Work	Summer Song × Shadowed Pink	2007157
Woodside Rhapsody	(Pardon Me × Eleanor Apps) × Super Purple	20120373
Yellow Ninja	Big Bird's Friend × Where Eagles Soar	20120374
Yellow Submarine	Crowned with Grace × Banana Ice	2008112
You Angel You	(Cosmopolitan × sdlg) × Playful Pixie	2008113

附录2：萱草形态术语注释

英文符号	英文名称	中文名称	注　解
	scape	花莛	
EE	extra early	极早花期	
E	early	早花期	
EM	early midseason	中早花期	
M	midseason	中花期	
ML	late midseason	中晚花期	
L	late	晚花期	
VL	very late	极晚花期	
	rebloom	再次开花	
color	self	自色	花瓣和花萼是同样的颜色，但是雄蕊和花喉可以不同色
	bitone	双重色	花瓣和萼片是相同的颜色但深浅不同。一般花瓣的颜色稍深
	bicolor	双色	花瓣和萼片是完全不同的颜色，比如红色和黄色
	eyezone	眼斑	环绕着花喉与花瓣或萼片有明显区别颜色的区域
	watermark	水印	在眼斑的边缘带有同色系较浅色的区域称为水印状眼斑
	edge	镶边	花瓣的边缘带有明显的不同颜色称为镶边
	midrib	花瓣中肋	
	dotted	斑点	
	throat	花喉	花瓣和萼片汇合的区域，一般颜色区别于花冠的颜色
	diploids	二倍体	
	tetraploids	四倍体	
form	single	单瓣花	
	double	重瓣花	超过6个花瓣且花瓣以3的倍数增加
	polymerous	多瓣花	超过3个花瓣和萼片，且相对应的雄蕊数量也增加
	spider	蜘蛛型	花瓣的长宽比例在5：1以上的花型
unusual form	crispate	卷缩型	
	pinched	捏卷型	
	twisted	扭曲型	
	quilled	羽毛管型	
	narrow curling	狭长卷曲型	
	cascading	瀑布型	
	spatulate	铲型	

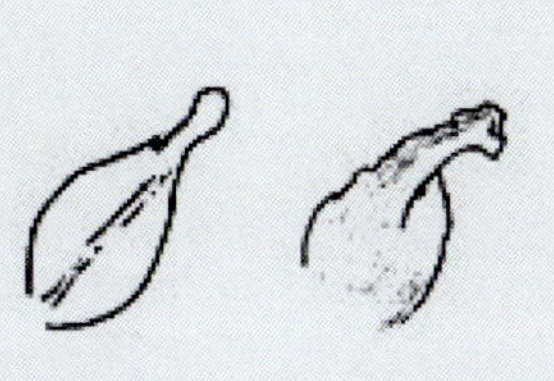
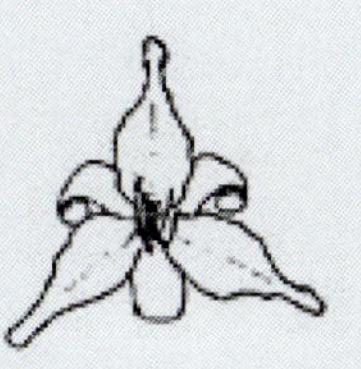

捏卷卷缩型（Pinched Crispate）：花瓣的顶部较尖锐的折叠，呈现外捏或是折叠的效果

扭曲卷缩型（Twisted Crispate)：花瓣呈现螺旋形或是纸风车轮形的效果

羽毛管卷缩型（Quilled Crispate)：花瓣沿着其长度的方向进行旋转呈现管状的效果

瀑布型（Cascade）：花瓣沿着自身扭曲呈木刨花状，整体呈现瀑布型

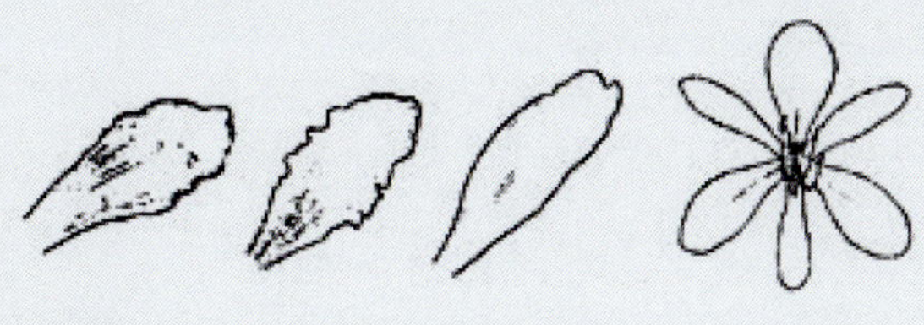

铲形（Spatulate）：花瓣基部明显宽些，就像是厨房用的铲子状

萱草品种中文名称索引

萱草品种拉丁学名索引